河南省博士后项目启动经费资助出版
黄河勘测规划设计有限公司博士后科研工作站资助出版

河流数值模拟技术及工程应用

罗秋实　刘继祥　刘士和　李超群　著

U0235391

黄 河 水 利 出 版 社
·郑州·

内 容 提 要

本书主要内容包括河流泥沙数值模拟的研究任务总结、研究现状和应用领域简介,河道水沙运动及河床冲淤变形机理及模拟技术探讨,河流泥沙数学模型基本方程构建;网格生成技术探讨,数学模型控制方程离散及求解,数值模拟误差来源与控制;河流数值模拟可视化系统开发,工程应用案例简介。

本书可作为水利院校有关学科的研究生教材,也可作为与此相关的设计与科研工作的参考书。

图书在版编目(CIP)数据

河流数值模拟技术及工程应用/罗秋实等著 . —郑州:黄河水利出版社,2012.8
ISBN 978 – 7 – 5509 – 0345 – 6

Ⅰ.①河…　　Ⅱ.①罗…　　Ⅲ.①河流泥沙 – 数值模拟 –
研究　　Ⅳ.①TV152

中国版本图书馆 CIP 数据核字(2012)第 205693 号

策划编辑:李洪良　　电话:0371-66024331　　邮箱:hongliang0013@163.com

出　版　社:黄河水利出版社　　　　　　　　网址:www.yrcp.com
　　　　　地址:河南省郑州市顺河路黄委会综合楼 14 层　　邮政编码:450003
发行单位:黄河水利出版社
　　　　　发行部电话:0371 – 66026940、66020550、66028024、66022620(传真)
　　　　　E-mail:hhslcbs@126.com
承印单位:郑州海华印务有限公司
开本:787 mm × 1 092 mm　　1/16
印张:13
字数:300 千字　　　　　　　　　　　　　印数:1—1 000
版次:2012 年 8 月第 1 版　　　　　　　　印次:2012 年 8 月第 1 次印刷
定价:48.00 元

前　言

在水利、水运、水电工程的规划和设计中,常常会遇到与水流运动、泥沙输移、河床变形等相关的问题。此类问题对人类生产活动影响甚大,有必要作出预报来作为规划和设计的依据。河流模拟正是研究此类问题的重要手段,它包括物理模型试验和数学模型计算两部分。物理模型试验是根据模型和原型之间的相似准则,建立实体模型,研究水沙运动规律的方法。数学模型计算是根据水流及其输移物质运动的基本规律,构建数学模型,通过求解模型中未知变量,复演并预测水流及其输移物质运动过程的一种研究方法。河流数值模拟是指通过数值计算的方法,求解数学模型,获取计算域内有限个离散点的变量值来近似反映计算域内流动特征的一种研究手段,这和物理模型试验中通过测量有限个位置处的变量值来研究流体运动特性十分相似。河流数值模拟技术经过近几十年的发展,许多技术已趋于成熟,但是鉴于问题的复杂性,仍有一些方面的内容有待进一步的探讨。

本书探讨了河流数值模拟技术及其工程应用。全书分为 11 章:第 1 章为绪论,重点介绍了河流数值模拟的研究内容、研究现状和数值模拟工作的主要步骤;第 2 章为河道阻力及水流挟沙力,介绍了河道阻力和水流挟沙力的定义和计算方法,采用黄河流域实测资料对部分公式进行了检验;第 3 章为河道冲淤变形及模拟技术,介绍了河道在水流作用下垂向变形、侧向淘刷和岸滩崩塌的模拟技术;第 4 章为数学模型的基本方程,介绍了水沙两相流的基本方程,三维模型、平面二维模型和一维模型的基本方程;第 5 章为网格剖分及地形处理技术,介绍了网格分类、数值模拟对计算网格的要求,网格的适用性、生成方法,地形网格的生成技术以及基于实测大断面的三维地形生成技术;第 6 章为控制方程的离散及求解,介绍了基于非结构网格的控制方程离散技术;第 7 章为 RSS 河流数值模拟系统的开发,介绍了数值模拟可视化系统的开发需求、开发平台、结构设计、界面设计及功能设计等;第 8 章为数值模拟误差来源及控制,简要介绍了数值模拟误差来源,同时详细讨论了水沙过程概化引起的误差控制和非恒定流不完全迭代引起的误差控制;第 9 章重点介绍了一维水沙数学模型的开发及应用;第 10 章介绍了平面二维模型的开发及应用;第 11 章介绍了三维水沙运动数值模拟。

本书第 1、5、6、8、10、11 章由黄河勘测规划设计有限公司罗秋实执笔,第 2 章由黄河勘测规划设计有限公司罗秋实、王洪梅共同执笔,第 3 章由黄河勘测规划设计有限公司刘继祥执笔,第 4 章由武汉大学刘士和执笔,第 7 章由黄河勘测规划设计有限公司罗秋实、程翼、胡德祥共同执笔,第 9 章由黄河勘测规划设计有限公司李超群执笔。

　　本书由河南省博士后项目启动经费和黄河勘测规划设计有限公司博士后科研工作站联合资助出版。黄河勘测规划设计有限公司博士后工作站李斌主任对本书的出版给予了热情的支持和帮助,在此表示感谢。

　　限于作者水平有限,书中资料引用难免遗漏,甚至有不少不妥之处,衷心希望读者批评指正。

作　者

2012 年 7 月

目　录

第 1 章 绪 论

1.1 河流数值模拟的研究内容

在水利、水运、水电工程的规划和设计中,常常会遇到与水流运动、泥沙输移、河床变形相关的问题。此类问题对人类生产活动影响甚大,有必要对其作出预报作为规划和设计的依据。河流模拟正是研究此类问题的重要手段,它包括物理模型试验和数学模型计算两部分[1]。物理模型试验是根据模型和原型之间的相似准则,对原型流动进行缩小(或扩大),建立实体模型,研究水沙运动规律的方法。数学模型计算是根据水流及其输移物质运动的基本规律,构建数学模型,通过求解模型中未知变量,复演并预测水流及其输移物质运动过程的一种研究方法。

河流数值模拟是指通过数值计算的方法,求解数学模型,获取计算域内有限个离散点的变量值来近似反映计算域内的流动特征的一种研究手段,这和物理模型试验中通过测量有限个位置处的变量值来研究流体运动特性十分相像。河流数值模拟的研究内容包括如下几个方面:

(1)水流及其输移物质运动的基本规律;

(2)河道变形及模拟技术;

(3)网格剖分及地形处理技术;

(4)数学模型构建;

(5)数值计算方法;

(6)数值模拟可视化技术;

(7)数值模拟误差来源分析及控制;

(8)数学模型应用。

河流数值模拟是以水库、河道、湖泊、河口中大尺度水体为研究对象,主要服务于水利、水运、水电等行业,用于研究与水沙运动及河床冲淤变形有关的各种问题,如:水库工程规划设计过程中库区及下游河道泥沙冲淤问题[2-6];涉水工程实施前后对河道行洪和河势稳定的影响[7]。近年来,随着模拟技术的发展,河流数值模拟的应用范围有所扩展,一些模型通过改进用于污染物输移模拟及生态指标预测,如:电站温排水[8]或沿河排污对河道水环境的影响[9]等。

1.2 河流数值模拟的研究现状

河流泥沙数学模型的研究起源于 20 世纪 50 年代,但是计算机和水沙运动计算相结合的现代河流水沙数学模型却发展于 20 世纪 70 年代后期,比许多学科的数学模型晚 10 ~

20 年的时间,其主要原因有三:首先,人类对泥沙问题严重性的认识不足,其在国民经济发展中的地位不高;其次,泥沙数学模型的发展必须建立在水流数学模型的基础上,所以其发展必然是滞后于水流数字模型的发展且受水流数字模型发展的制约;最后,由于泥沙问题本身的复杂性,使得泥沙数学模型的发展受到很大的约束[3]。但是,近年来,尤其是20 世纪 90 年代以后,河流水沙数学模型以其研究周期短、成本低、无比尺影响等优点,引起了广泛的重视,并得到了长足的发展。已有研究成果可以归纳为如下几个方面。

1.2.1 含沙水流输移规律

数学模型能否反映实际物理情况,计算结果是否可靠,在很大程度上取决于建立数学模型时所依赖的物理模式是否可靠。含沙水流输移规律的合理正确描述,对水沙数学模型构建及计算结果的可靠性起着至关重要的作用。从研究现状来看,不同的数学模型控制方程大体相同,差异主要在于阻力、水流及泥沙紊动黏性系数、挟沙力、非均匀沙分组挟沙力、推移质输沙率以及恢复饱和系数等问题的处理上。

1.2.1.1 阻力

阻力是河道水流运动模拟中必须考虑的重要因素。对处于阻力平方区的河道水流而言,其阻力系数可以有多种不同的表达方式,如:谢才系数 C、曼宁糙率系数 n、达西 - 韦斯巴赫阻力系数 f 以及床面粗糙度等,它们之间可以相互转化[10-12]:

$$\frac{C}{\sqrt{g}} = \frac{H^{1/6}}{n\sqrt{g}} = \sqrt{\frac{8}{f}} = \frac{\bar{U}}{U^*}$$

河道阻力主要有两种确定方法:一种是按不同的阻力单元,如河床阻力、河岸阻力、河槽形态阻力等,分别计算其阻力系数,然后再叠加组合,该方法是在 Einstein 提出的阻力分割理论的基础上发展而来的,在机理上较为明确,各种因素的变化也可分别考虑,Engelund[13]、White[14-15]、王世强[16]等都是沿着这一途径计算河道阻力的;另一种是直接计算总阻力系数,该方法虽然未考虑阻力的形成机理,但是计算简单,在工程中应用较多,如钱宁[17]、李昌华[18]等曾基于谢才公式建立了河道糙率系数,秦荣昱等[19]曾基于对流速分布公式建立了床面糙率的综合表达式,赵连军等[20]曾基于挟沙水流流速分布公式建立了河床糙率与水沙因子之间的关系。虽然目前关于河道阻力问题的研究已取得不少成果,但是由于影响河道阻力的因素非常复杂,除床面沙粒和沙波阻力外,河道形态、滩地植被、水体含沙量、水温甚至河床渗透特性都有可能对河道阻力产生明显的影响[11,21],因此完全从理论上确定河道阻力从目前来看是非常困难的,应用上更倾向于直接计算总阻力系数,其中最具代表性的成果是曼宁糙率系数 n。曼宁糙率系数 n 经过 100 多年的应用,已积累了大量的经验资料供参考。实践证明,该方法基本上可以满足工程要求的精度。

河流泥沙数学模型中的一维模型和二维模型均是采用曼宁糙率系数 n 表示河道阻力的。曼宁糙率系数是度量水流运动诸多复杂影响因素中除目前可以度量外的一个综合参数,一维模型和二维模型中糙率所度量的因素是有差别的,一维模型中糙率包含河床边界阻力、水流紊动、河床平面形态等因素对水流的综合影响;二维模型中由于数学模型基本方程已经考虑了水流紊动、河床平面形态对水流的影响,因此糙率度量的影响因素相对少一些,取值相对小点。由于糙率取值度量因素复杂,因此数学模型计算时一般先根据糙率取值表或利用河道实测资料通过恒定非均匀流阻力公式确定初始糙率,然后根据实测资料进行验证计算,通过水位实测值和计算值的比较来分析糙率取值是否合理,再确定其最终取值。实践证明,该方法基本上可以满足工程要求的精度,但验证时注意验证资料的代表性,以反映河道阻力随水流运动和河床冲淤状态变化而变化的规律。

1.2.1.2 水流紊动

天然河道中水的流动多处于紊流运动状态,且多挟带泥沙。紊流是非常复杂的流动现象,悬移质泥沙的存在会影响水流的紊动结构,进一步增加了问题的复杂性。由于受量测手段的限制,挟沙水流紊动强度的实测资料十分有限,而且显示出很大的矛盾和不一致。一种观点认为挟沙水流的紊动减弱[21],另一种观点则认为挟沙水流紊动增强[22-24]。鉴于问题的复杂性,目前多进行简化处理,一方面忽略泥沙存在对水流的影响,另一方面采用湍流模式理论封闭流动方程,目前用的比较多的是二阶矩模式和黏性模式,包括雷诺应力输移模式(RSM)、代数应力模式(ASM)、$k-\varepsilon$ 湍流模式和零方程模式等。如:平面二维水沙数学模型大多采用零方程模式[25-26],部分学者采用水深平均的 $k-\varepsilon$ 湍流模式[27],个别学者采用其他模式[28];已有的三维水沙数学模型大多在满足计算精度要求的前提下,考虑计算工作量的限制,采用 $k-\varepsilon$ 两方程模式封闭湍流方程。

河流泥沙数学模型中的紊动黏性项反映了水流中不同尺度涡体之间能量传递和消耗的综合影响,对水流流速分布具有明显影响,构建模型时应妥善处理水流紊动黏性项,尤其是具有回流、环流的复杂流动,必要时还需要采用高级湍流模型,进行精细模拟。

1.2.1.3 水流挟沙力

水流挟沙力是指在一定水流和泥沙综合条件(包括断面面积、水力半径、平均流速、水面比降、泥沙沉速和泥沙级配等水沙条件和边界条件)下,水流能够挟带的悬移质中的床沙质的临界含沙量[3,21]。水流挟沙力是泥沙数学模型中的关键变量,也是水沙运动基本理论研究中最为棘手的难题之一,长期以来,国内外的研究者通过各种手段对水流挟沙力问题进行了大量的研究,他们或者从理论分析入手,或者根据原型观测或试验资料,提出了很多理论的、半经验的或经验的水流挟沙力公式。其中最具代表性的成果是20世纪50年代,张瑞瑾以大量实测资料和水槽中阻力损失及水流脉动速度的试验成果为基础,在制紊假说的指导下,由能量平衡理论推导的水流挟沙力公式:

$$S^* = k\left(\frac{U}{gh\omega}\right)^m$$

式中:S^* 为以质量计的水流挟沙力;ω 为泥沙沉速;k、m 分别为挟沙力系数和指数,对于不同的河道具有不同的取值,在计算时可根据实测资料确定。

由于张瑞瑾公式是基于能量平衡而推导的半经验公式,在量纲上是和谐的,并且经过了长江、黄河及若干水库、渠道及室内水槽等大量资料的验证,因此该公式具有坚实的理论和实践基础,是工程界普遍接受的挟沙力计算公式之一。

在张瑞瑾之后,也有不少学者对水流挟沙力进行了研究,如沙玉清[29]、Yang[30]、曹汝轩[31]、李昌华[32]、窦国仁等[33]也建立了自己的挟沙力公式。这些公式除窦国仁公式外,基本没有考虑含沙量对水流挟沙力的影响,而实际上对含沙量较大的水流,含沙量对水流挟沙力会产生较为明显的影响,为进一步提高含沙水流挟沙力的计算精度,张红武从能量消耗和泥沙悬浮功之间的关系出发,考虑了泥沙存在对卡门常数和泥沙沉速的影响,给出了适用于不同含沙量的悬移质水流挟沙力公式[34]:

$$S_* = 2.5 \times \left[\frac{(0.002\,2 + S_v)\,U^3}{\kappa\, \dfrac{\gamma_s - \gamma_m}{\gamma_m} gh\omega} \ln\left(\frac{h}{6D_{50}}\right) \right]^{0.62}$$

式中:S_v 为挟沙水流的体积含沙量;h 为水深;κ 为卡门常数,其他相关参数的取值可参考文献[22]。

张红武公式自建立以来,已经过了长江、黄河、辽河及 Muddy 等国内外河流实测资料的验证,验证成果表明,该公式不但适用于一般挟沙水流,而且适用于高含沙水流[4]。此外,王光谦[4]、舒安平[35]、江恩惠[36]、陈力[37]、韦直林[38]等的研究也表明从实用的角度考虑,现阶段以该式的计算精度最高,不同水流挟沙力公式的比较见图1-1。

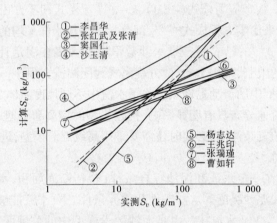

图1-1　不同水流挟沙力公式的比较[23]

已有的挟沙力计算公式大多是以断面平均的水力要素为分析依据。对于平面二维水流挟沙力的计算,多是简单地借用一维挟沙力的研究成果,用垂线平均流速代替断面平均流速,用水深代替水力半径进行计算。李义天等[3]点绘了长江中游枝江、监利、石首等河段的实测资料和断面平均挟沙力与断面平均 $U^3/(gh\omega)$ 关系,认为二者点群较为集中,相关关系好。但是点绘不同测点垂线平均流速和垂线平均 $U^3/(gh\omega)$ 后,认为总体趋势基本合理,但点群分散,相关关系差。由此可见,基于断面平均水力要素建立的挟沙力公式推广应用于二维模型尚需进行研究。李义天[3]和杨国录[10]曾对平面二维水流挟沙力进行了研究,为二维水流挟沙力的确定提供了参考。

1.2.1.4　非均匀沙分组挟沙力

含沙水流中的泥沙粒径有时候是很不均匀的,在一般情况下粗的可以达到 1 mm,细的可以到 0.001 mm 或更小[21],因此挟沙力计算有必要考虑泥沙的非均匀性。最理想的方法是通过考虑不同粒径泥沙颗粒之间的相互影响,直接推求不同粒径组的挟沙力,然后将分组挟沙力求和得到总挟沙力。但是,由于目前在理论上对分组泥沙运动规律的认识还不清楚,直接推求分组挟沙力的计算结果往往不够理想[4]。目前,数值模拟计算中大量采用的方法是选用河床泥沙的某一特征粒径作为代表粒径,直接推求河流的床沙质挟沙力,然后分别确定各粒径组的挟沙力级配,再确定分组挟沙力,该方法现有的研究成果可归为三类。

1)由悬移质级配求分组挟沙力

为计算非均匀沙的分组挟沙力公式,韩其为曾假定挟沙力级配等于悬移质泥沙级配[21,39,40],即 $P_{i*} = P_{si}$。此外,韩其为认为现有的计算均匀沙的挟沙力公式可用于非均匀沙,关键在于代表沉速 $\overline{\omega}$ 的选择,并建议取 $\overline{\omega} = \left(\sum\limits_{i=1}^{m} P_i \omega_i^m \right)^{1/m}$。该方法在接近输沙平衡时,计算误差不大,但是这种计算方法在冲淤变化极不平衡时,误差较大,如对于水库下游的冲刷计算,由于悬移质中粗颗粒泥沙的含量几乎为 0,如果认为其挟沙力级配也为 0,则粗颗粒泥沙永远也无法冲起。为了解决这个问题,韩其为于 1987 年发展了以前的模式[41],并于 1990 年又对该模式进行了改进,建立了新的分组挟沙力级配计算方法[42]。

2)由床沙级配求分组挟沙力

美国陆军工程师兵团研制的 Hec-6 模型[5]中处理非均匀沙挟沙力的方法属于此类。其基本思想就是先求每一粒径组均匀泥沙的可能挟沙力,即全部床沙均为某种均匀泥沙的水流挟沙力 S_{pi},再按照床沙级配曲线求这一粒径组在床沙中的含量百分比 P_{bi},两者乘积即为这一粒径的分组水流挟沙力。

对于非均匀沙来说,挟沙力不仅与泥沙粒径和水流强度有关,而且与河床中该粒径的含沙量多少有关,因为河床中含量越多,泥沙悬浮交换的概率越大。对于 $\omega_i > \overline{\omega}$ 的粒径,挟沙力级配才小于床沙级配;对于 $\omega_i < \overline{\omega}$ 的粒径,挟沙力级配才大于床沙级配,这在定性上是合理的,但假定挟沙力级配等于床沙级配缺乏理论依据[3]。

3)由水沙条件和床沙级配求分组挟沙力

该方法首先建立平衡状态下的悬沙级配和床沙级配之间的函数关系,然后推求挟沙力级配,并计算分组挟沙力级配,如李义天方法[3]、杨国录方法[10]。

1.2.1.5 推移质输沙率

推移质是指随水流迁移过程中,沿河床床面滚动、滑动或跳跃前进的泥沙颗粒。推移质输沙率计算是河流泥沙数值模拟的重要任务之一,但是关于推移质的研究和应用水平远不及悬移质,其主要原因是天然河流推移质输沙资料测量非常困难,难以为科学研究提供较为丰富的验证资料,此外推移质运动机理也较为复杂,但尽管如此,也出现了不少有代表性的推移质输沙率公式,这些公式大致可以分为如下几类[4]:

(1)以流速为主要参数的推移质输沙率公式,此类公式以沙莫夫[21]推移质输沙率公式为代表;

(2)以拖曳力为主要参数的推移质输沙率公式,最具代表性的是梅叶-彼得公式[43]、恩格隆公式[44]和阿克斯-怀特公式[45]。

(3)用能量守恒推导出来的推移质输沙率公式,以拜哥诺公式[46]为代表。

(4)用数理统计的方法推求的推移质输沙率公式,以 Einstein 公式[47]为代表。

1.2.2 河床冲淤变形及模拟技术

在挟沙水流的作用下,河床总是处于不断的变化与发展之中,对于河床冲淤变化已经有不少研究成果,将从如下几个方面对现有的部分成果进行说明。

1.2.2.1 河床变形的形式

现有的研究成果多将河床变形分为纵向变形和横向变形两种[48-49],如图 1-2 所示。纵向变形主要是由含沙水流的纵向冲淤引起的变形,横向变形是指由于岸滩的淤长和侵蚀后退引起的河道平面形态变化。实际上,将河床变形划分为纵向变形和横向变形并不是绝对的,如纵向淤积可能引起岸滩的淤长,纵向冲刷可能会引起岸滩的后退。本书建议按照河床变形的原因将其划分为三类:由含沙水流的垂向冲淤引起的变形,由含沙水流侧向淘刷引起的岸滩变形,由岸滩崩塌引起的岸滩变形(包括由重力作用、渗流作用、冻融作用或人为因素引起的坍塌)。

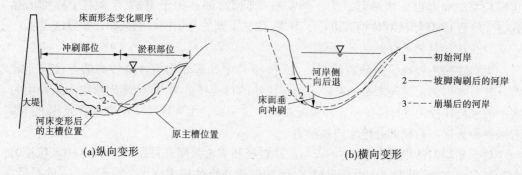

图 1-2　河床纵向冲淤变化示意图[35]

1.2.2.2 河床变形的机理研究

目前,对于含沙水流的垂向冲淤变形相关问题研究较多[50-51],由于问题的复杂性对含沙水流侧向淘刷和岸滩崩塌所引起的变形机理研究较少,但也出现了一些非常有意义的研究成果,如匡尚富等[52]探讨了河岸岸脚淘刷机理与岸滩稳定性之间的关系,在分析岸滩泥沙起动特点和顺直河段剪切力分布的基础上,指出在同样的水流条件下,河岸泥沙比河底泥沙更容易起动和冲刷;夏军强[49,53-54]、王新宏[48]、王延贵[55]、Osman[56]、Thorne[57]、Pizzuto[58]等都对河岸坍塌变形机理进行了研究,其中王延贵通过试验研究,原型观测和理论分析相结合的手段对河岸崩塌的机理进行了较为系统的分析与试验,其成果对深入认识河岸崩塌机理具有重要的价值。

1.2.2.3 河床垂向冲淤变形的模拟技术

恢复饱和系数确定和床沙级配调整是河床垂向冲淤变形计算中较为重要的两个问题。此外,一维模型冲淤面积分配也是一个非常值得关注的重要问题。

1)恢复饱和系数

恢复饱和系数(α)是反映悬移质不平衡输沙时水体含沙量向挟沙能力接近的参数,它既与水流动力、泥沙条件有关,又与地形有关,河床冲淤量对恢复饱和系数的变化十分敏感。虽然有不少学者对其进行过探讨[59-66],但是由于所涉及问题的复杂性,目前对恢复饱和系数的认识远远不足,对其取值仍存在一些争议。文献[1]和文献[62]提到,从理论上说恢复饱和系数总是大于1,但是在实际计算时根据实测资料推求的恢复饱和系数往往小于1,有的河流中有实测资料率定的恢复饱和系数甚至远小于1,如黄河下游 α 常采用 0.01。韩其为近些年来对恢复饱和系数进行了系统的研究,20 世纪 70 年代通过分析实测资料,提出淤积时 α 取 0.25,冲刷时取 1,此经验值在不少数学模型中得到应用,90 年代后期韩其为又根据泥沙交换的统计理论,深入地研究了非均匀悬移质不平衡输沙的规律,得出了理论公式及其数值计算结果[65-67]。

2)床沙级配调整

目前,对非均匀沙床面冲刷后床沙级配调整计算大多引入"混合层"或"交换层"的概念来建立床沙级配方程,且多假设非均匀的床沙在交换层内是充分掺混的,床沙级配在交换层内是均匀的[68-73]。如以韦直林采用的分层模式为例:对于每一断面,可将断面可动层划分为表层、中间层和底层共三层。假定在计算时段内各层界面都固定不变,泥沙交换限制在表层内进行,中间层和底层暂时不受影响。在时段末,根据床面的冲刷或淤积往上或往下移动表层和中间层,保持这两层的厚度不变,而令底层随冲淤厚度的大小而变化,同时对表层和中间层的床沙级配进行调整,具体计算过程可见文献[73]。

3)冲淤面积分配问题

一维模型能够给出各断面的总冲淤量和河段总冲淤量,要进一步了解冲淤沿纵向和横向的变化特性,还必须对冲淤量沿河宽方向进行分配。常用的方法有平均分配、按面积分配,按能量比分配和按水流含沙饱和程度分配等[68]。

1.2.2.4 岸滩侧向淘刷及崩塌的模拟技术

当前在河流水沙数学模型中,用来模拟河岸冲刷过程的方法主要有三类。

1)经验模拟法

该方法是在分析大量实测资料的基础上,建立各种经验关系式来估计河宽变化的大小,进而分析河岸的冲淤变化,如:梁国亭、张仁[74]曾在黄河中用禹门口至潼关河段的数学模型中利用河相关系系数来估计河宽变化;徐炯心建立了河宽变化与河岸土体抗冲指标之间的关系式;梁志勇[75]、周建军[76]等根据河岸土体起动切应力和水流切应力建立了水流侧向冲刷河岸速率公式:

$$\frac{\Delta B}{\Delta t} = \frac{C_l}{\gamma_s \gamma} (\tau_f - \tau_x) \tau_f$$

2)极值假说模拟法

该方法模拟河床冲淤变形是在现有的泥沙数学模型的基础上,引入一个附加方程来预测河宽变化,具体步骤就是先根据水流条件确定河宽的调整方向,再根据近岸水沙条件、河岸可冲刷程度确定河宽调整速率。极值假说模拟河床横向变形两个代表模型是张海燕[77]提出的 FLUVIAL-12 模型和美国垦务局开发的 GSTARS 模型[78]。

3)力学模拟技术

该方法主要采用水动力学模型计算河床冲淤变形,然后用土力学模型分析河岸稳定性。对于非黏性土河岸的数值模拟,以 Ikeda[79]、Pizzuto[58] 和 Duan[80] 方法为代表,其主要步骤就是先根据河床冲淤变形情况,分析河岸稳定性,将坍塌下来的土体按沙量守恒或输沙平衡法进行处理;对于黏性土河岸的力学模拟,以 Osman[56] 和 Thorne[57] 的方法为代表,该方法首先根据河岸冲刷速率经验公式计算河岸横向冲刷距离,然后分析河岸的边坡稳定性;对于混合土河岸冲刷过程的力学模拟以 Fukuoka[81] 为代表。此外,夏军强[54,82]也从力学分析的角度分析了不同土质河岸的冲刷过程。

1.2.3　数值计算方法

1.2.3.1　网格生成

　　网格生成是二维(三维)河流数值模拟的重要研究课题之一。进行复杂河道二维数值模拟时,网格的形式和布置将会对计算精度产生一定的影响,同时在进行流场数值模拟的过程中,复杂而繁重的数据准备工作也将成为计算工作的瓶颈,因此网格生成技术在河流数值模拟中一直受到高度的重视。从现有研究成果来看,河流模拟中所采用的计算网格按其拓扑结构可以分为结构网格和非结构网格[83]。

　　结构网格是一种传统的网格形式,其节点与节点之间有着明确的相对位置关系。目前,河流模拟中常用的矩形网格、正(非)交曲线网格都属于结构网格。其中:矩形网格是河流模拟中最早使用的计算网格,这种网格不需要从物理空间到计算空间的转化,因而生成简单、省时,网格容易加密,可以提高计算精度。但其最大的缺点就是:在边界处不可能做到完全贴体,经常采用局部细化来减小误差;曲线网格是 1974 年由 Thompson 提出的一种网格生成方法[84],它主要是通过坐标变换生成和计算区域边界比较吻合的网格,该网格可以适用于较为复杂的计算边界,因此在二维模拟中得到了非常广泛的应用,目前主要通过求解微分方程法生成(非)正交曲线网格[85-90]。

　　非结构网格是最近几年才发展起来的一种计算网格。相对于结构网格来说,非结构网格因舍弃了网格节点的结构性限制,节点和单元分布是任意的,易于控制网格单元的大小、形状及网格点的位置,对复杂外形的适应能力非常强,因而能较好地处理复杂边界。此外,非结构网格随机的数据结构非常利于进行网格自适应,并进行局部网格优化。非结构网格包括非结构三角网格、非结构四边形网格和非结构混合网格,非结构三角网格的生成方法较为成熟[93],非结构四边形网格和非结构混合网格的网格生成还较为困难。目前,生成非结构三角网格的方法主要有阵面推进法[91-92]和 Delaunay 三角化法[92],其中阵面推进法的优点是对区域边界拟合的比较好,所以在对区域边界要求比较高的情况下,常常采用这种方法;其缺点是进行阵面推进的每一步都必须对邻近节点或邻近阵元进行搜索并进行相交性判断,生成的速度比较慢。Delaunay 三角化法的优点是速度快,网格的质量比较容易控制,能尽可能得到高质量的三角形单元;缺点是对边界的恢复比较困难,很可能造成网格生成的失败。Bowyer 算法经过不断的改进已经成为生成 Delaunay 三角形比较成熟的算法之一[93-98]。

1.2.3.2　控制方程的离散

　　一维泥沙数学模型的数值计算方法较为成熟,恒定流模型一般采用二分法进行求解[6,99],非恒定流模型一般采用四点偏心隐格式进行求解[100-102]。

　　二维和三维模型常用的离散方法包括有限差分法(Finite Different Method,简称FDM)、有限元法(Finite Element Method,简称 FEM)和有限体积法(Finite Volume Method,简称 FVM)。其中:有限差分法是数值模拟中最早采用的离散方法,它主要是在网格节点上用函数的差商代替微商,进而对控制方程进行离散,该方法具有数学概念直观,表达简单等优点,但是守恒性较差;有限元法的基础是变分原理和加权余量法,其基本思想就是把计算区域划分为有限个互不重合的计算单元,用单元基函数的线性组合来逼近单元中的真解,进而对控制方程进行离散求解,有限元法能够灵活地处理复杂边界,且计算精度较高,但是在计算急变流时容易出现速度坦化现象且计算量较大,因而在非恒定性较强的问题中没有得到广泛的应用;有限体积法是继有限差分法、有限元法之后发展起来的一种新的数值计算方法,该方法从水量和动量守恒的物理概念出发,将待解的微分方程在控制体上进行积分,进而得出一组离散方程,有限体积法也能够灵活地处理复杂边界,物理意义明确且能够保证变量的守恒性。此外,根据待求变量的处理方法不同,可以将离散格式分为显格式和隐格式:显格式将空间项的离散变量全部按照已知变量处理;隐格式将空间项的离散变量全部按照待求变量处理。显格式的优点是不必进行迭代即可计算出下一时间的变量值,因而程序编制简单,但是其稳定性受时间步长限制。隐格式的收敛性不受时间步长的限制,但是其需要迭代求解,程序编制比较复杂。

从现有研究成果来看,有限体积法在河流模拟中应用最为广泛。按照所采用的网格,又可以将有限体积法分为基于结构网格的有限体积法和基于非结构网格的有限体积法。基于结构网格的有限体积法发展的较早,也比较成熟[101-110]。基于非结构网格的有限体积法最初只是应用于求解 Ouler 方程[111-112],但是近年来,有不少学者采用基于非结构网格的有限体积法求解二维水沙数学模型,如:Anstasiou[113]和 Chan[114]曾建立了非结构网格上二阶迎风 Roe 格式;Zhao 等[115]曾基于 Osher 格式建立了基于非结构网格上的有限体积法。在 Harten-Lax-van leer(HLL)黎曼算子[116]提出之后,Hu 等[117]发展了 HLL 型MUSCL 有限体积法;Wang 和 Liu 等[118]曾将非结构网格上的四种方法(Roe-MUSCL、Roe – Upwind、HLL-MUSCL 和混合有限体积法)的精度稳定性和计算速度等进行了比较,得出了非常有意义的结论;此后,Tae Hoon Yoon[26]利用 HLL 算子建立了二阶精度的 TVD 有限体积法并模拟了法国 Malpasset 坝的溃决;施勇等[25]建立了基于非结构网格上的平面二维水沙数学模型,并将模型应用于谭江樟州河段的河床变形计算。

1.2.3.3　水位和流速耦合关系的处理

水位和流速的耦合关系处理,目前最为流行的是 SIMPLE 系列算法[119-128],这些算法都是利用连续性方程使假定的水位能够通过不断的迭代逼近真实解。但是,由于流速在连续性方程中、水位在动量方程中都是一阶导数项,如果简单地将各个变量置于同一套网格上,当水位出现"间跃式"(也称为"棋盘式")分布时离散方程在求解过程中就无法检测出"间跃式"水位。为了避免在数值求解过程中出现"间跃式"水位,过去最常见的办法是采用交错网格把标量存储于网格节点上而把流速等向量存储于控制体界面上。虽然基于交错网格的 SIMPLE 系列算法较好地处理了连续性方程中速度一阶导数和运动方程中水位一阶导数的耦合关系,比较彻底地克服了波形压力场的存在,但是由于交错网格存储变量的位置不同,相应的也需要多套网格来适应编程的需要(在二维问题中需要 3 套网格,三维问题中需要 4 套网格),因而程序编制比较复杂,尤其是对于非结构网格上的水流运动计算交错网格的不便之处更是暴露无疑,因此几年来不少文献采用基于同位网格的 SIMPLE 算法处理水位和流速的耦合关系[104,116-128]。

1.2.3.4　动边界处理

由于天然河道水位变化较大,河道形态也颇为复杂,要精确反映边界位置的变化是比较困难的。为体现不同水位条件下边界位置的变化,采用了动边界技术,处理动边界的方法很多,如窄缝法、最小水深法、冻结法等,其中冻结法运用较广。

1.2.4　可视化系统开发

目前,国外已经开发了许多优秀的商用软件(如荷兰的 Delft3D、丹麦的 DHI 系列软件、美国的 SMS 和 CCHE 等),这些软件都具有独立的可视化界面,完善的前处理及后处理系统,且集成的数学模型能够适应不同的计算要求。如:Delft3D 可以采用直角坐标网格和正交曲线坐标网格模拟河道及河口海岸地区的水流[129]、水质[130]、波浪问题;DHI 系列软件(包括 MIKE11、MIKE21、MIKE3 等)是丹麦水力研究所推出的水流数值模拟系列软件之一,该软件具备比较友好的界面,主要用于模拟河流、湖泊、河口海岸以及海洋中的水流、波浪、泥沙及生态问题[131-132];SMS 是由美国 Brigham Young University 等联合研制的一套自由表面水流数值模拟系统,该系统提供了一维、二维、三维的有限元和有限差分数值模型,能够生成非结构网格,对复杂边界适应能力较强,可用于河道以及径流、潮流、波浪共同作用下的河口和海岸的水沙数值模拟[133];CCHE 为美国密西西比大学工程系研制的一个通用模型,该模型可采用三角网格及四边形网格,可用于河道、湖泊、河口、海洋水流及其输运物的一维、二维及三维数值模拟。

国内在河流数值模拟技术的应用与研究方面也做了大量的工作并开发了一些可视化系统,如:茅丽华等[134]尝试应用 Matlab 语言进行潮流数值计算结果的可视化研究,并对长江口三维数模计算结果进行了可视化显示;廖世智等[135]将 GIS 与二维水流泥沙数学模型进行集成,开发了二维水沙数学模型计算软件;王琦[136]利用 VC++ 语言开发了数值计算可视化系统,可用于实现地形、流场、浓度等标量场矢量场的二维可视化;曹为刚[137]和韩样[138]都曾利用 OpenGL 和 VC 的 MFC 技术实现了三维地形的可视化技术;张细兵等[139]曾采用 FORTRAN 和 VB、VC 语言建立了平面二维可视化数学模型及动态演示系统,该系统能实现计算全过程的可视化,能实现计算数据的 2D 和 3D 静态显示和动态演示,从而大大提高了用数学模型解决工程问题的效率;罗小峰[140]开发出了滨海河口波浪水流泥沙数学模型系统,可以实现计算结果的可视化显示;此外,由交通部天津水运工程科学研究所研制的海岸河口多功能数学模型软件包 TK-2D 是国内水运工程行业第一个拥有自主知识产权的软件包[141-142],该软件是在长期数学模型研究的工作基础上,通过对海岸河口数学模型进行系统化、实用化、通用化而集成的,数学模型理论正确,模式和数值方法先进,边界处理合理,软件中的辅助模块中前处理系统和后处理系统操作简单、方便。实现了窗口菜单操作,网格处理技术成熟可行,系数和参数选取合理、恰当。

1.2.5　数学模型应用

目前,国内外数学模型发展很快,在水利、水运、水电等行业中的应用越来越普遍,对于复杂泥沙运动计算经验也越来越多,如:三峡水库泥沙问题是世界性难题,在水库规划设计及运行过程中,河流泥沙数学模型作为一种重要的研究手段在研究库区泥沙淤积、下游河道冲刷以及库区变动回水区的通航问题等方面发挥了重要的作用;黄河等多沙河流上水流运动及泥沙冲淤相关问题的研究,也多采用数学模型;沿海大型港口建设、长江口深水航道及长江中游航道整治等工程也多运用数学模型作为研究手段。河流泥沙数学模型在工程实践中的应用,一方面推动了实际工程问题的解决;另一方面这些实际工程问题的解决推动了模拟技术进步,不少项目在招标投标或立项过程中明确规定采用河流泥沙数学模型作为技术手段,这对促进河流泥沙数学模型的发展都是非常有益的。

1.3 河流数值模拟的主要步骤

河流数值模拟的主要步骤包括如下几个方面:

(1)模型建立。根据物理现象建立数学模型。一般是从研究需要出发,根据实际情况对水流运动基本方程进行必要的简化,并确定其边界条件。

(2)网格剖分。确定计算范围,并对计算区域进行网格剖分。不同的网格具有不同的优缺点,对计算区域的适应能力也有差别,剖分时需根据计算区域的特点选择合适的计算网格。

(3)方程离散。选择合适的计算方法对控制方程进行离散,编制相应的求解程序,并进行调试。

(4)模型计算。采用典型的算例或实测资料对模型进行检验,然后进行正式计算。

(5)成果整理。将程序计算所得的数字成果以图表的形式展示出来,提交计算成果。

在实际工作过程中,应注意如下问题:

(1)从数学模型的角度来看,所选择的数学模型应能够为生产实践提供所需的计算成果,计算中不是模型越复杂越好,也不是模型的维数越多越好,数学模型的选择应综合考虑研究任务、已有资料情况等多种因素后慎重处理。

(2)从数值计算的角度来看,计算方法选择恰当,程序组织合理、运行稳定、收敛速度快,精度满足要求。

(3)从系统可实现的功能来看,要求建立模型功能较为完善,具有较强的适用性和通用性,能够适应各种复杂的计算条件,针对特定的工程问题能够快速建模。

(4)从操作应用的角度来看,模型应具有可视化界面,有较为完善的图形处理功能,且便于操作,能够快速、直观地展示计算成果。

(5)从参数取值的角度来看,不同的问题具有不同的特点,其参数取值应该具有针对性,必要时应根据具体的问题开发专门的数学模型。

参 考 文 献

[1] 谢鉴衡. 河流模拟[M]. 北京:中国水利水电出版社,1998.

[2] 吴伟明. 一维、平面二维及其嵌套泥沙数学模型的研究与应用[D]. 武汉:武汉水利水电学院,1991.

[3] 李义天,赵明登,曹志芳. 河道平面二维水沙数学模型[M]. 北京:中国水利水电出版社,2001.

[4] 夏军强,王光谦,吴保生. 游荡型河道的演变及其数值模拟[M]. 北京:中国水利水电出版社,2004.

[5] 王光谦,张红武,夏军强. 游荡型河流演变及模拟[M]. 北京:科学出版社,2005.

[6] 杨国录,吴伟明. SUSBED - 2 动床恒定非均匀全沙模型[J]. 水利学报,1994(4):1-9.

[7] 罗秋实,黄鑫,李洪良. 基于二维水沙模型的涉水建筑物防洪影响计算[J]. 人民长江,2010,41(10):52-55.

[8] 刘士和,周成成,罗秋实.基于曲线网格的温排水运动数值模拟[J].武汉大学学报:工学版,2008,41(3):9-12.

[9] 张春栥,徐自图,肖璋.大亚湾核电厂低放废水的排放对附近环境影响的研究[J].核动力工程,1987,8(3):54-64.

[10] 潘庆燊,杨国录,府仁寿.三峡工程泥沙问题研究[M].北京:科学出版社,2003.

[11] 钱宁,万兆印.河流泥沙动力学[M].北京:科学出版社,2003.

[12] 黄才安,严恺.动床阻力的研究进展及发展趋势[J].泥沙研究,2002(4):75-81.

[13] Engelund F. Hydraulic resistance of alluvial streams[J]. J. Hydr. Div. ,1966,92(2):315-326.

[14] White W R,Paris E, Bettess R. The frictional characteristics of alluvial streams:a new approach[J]. Proc. Inst. Civ. Engrs. , 1980,69(2):737-750.

[15] White W R,Paris E, Bettess R,et al. The frictional characteristics of alluvial in the lower and upper regions[J]. Proc. Inst. Civ. Engrs. , 1987,83(2):685-700.

[16] 王世强.冲积河流的床面阻力试验研究[J].水利学报,1990(12):18-20.

[17] 钱宁,麦乔威,洪柔嘉,等.黄河下游的糙率问题[J].泥沙研究,1959,4(1):1-15.

[18] 李昌华,刘建民.冲积河流的阻力[R].南京:南京水利科学研究院,1963.

[19] 秦荣昱,刘淑杰,王崇浩.黄河下游河道阻力与输沙特性研究[J].泥沙研究,1995(4):10-17.

[20] 赵连军,张红武.黄河下游河道水流摩阻特性的研究[J].人民黄河,1997(9).

[21] 张瑞瑾.河流泥沙动力学[M].北京:中国水利水电出版社,1998.

[22] Elata C,Ippen I T. The dynamics of open channel flow with suspensions of neutrally buoyant particles [R]. Tech. Rep. No. 45, Hydrodynamics Laboratory, Massachusetts Inst. Tech. ,1961.

[23] Muller A. Turbulence measurements over a movable bed with sediment transport by laser – anemometry [Z]. , Proc. 15th Congress of International Association Hyd. Res. , 1973.

[24] Bohlen W F. Hotwire anemometer study of turbulence in open channel flows transporting neutrally buoyant particles[R]. Tech. Rep. No. 69 – 1, Experimental Sedimentology Laboratory, Massachusetts Inst. Tech. ,1969.

[25] 施勇,胡四一.无结构网格上平面二维水沙模拟的有限体积法[J].水科学进展,2002,13(4):409-415.

[26] Tae Hoon Yoon, F ASCE, Seok – Koo Kang. Finite volume model for two – dimensional shallow water flows on unstructured grid[J]. Asce J. Hydraul. Eng. 2000(130):678-688.

[27] Weiming – Wu. Depth – Averaged two – dimensional numerical modeling of unsteady flow and nonuniform sediment transport in open channels[J]. Journal of Hydraulic Engineering, ASCE,2004,121(5):1013-1024.

[28] 张细兵,殷瑞兰.平面二维水流泥沙数值模拟[J].水科学进展,2002,13(6):665-669.

[29] 沙玉清.泥沙运动引论[M].西安:陕西科学技术出版社,1996.

[30] Yang C T. Incipient motion and sediment transport[J]. Journal of the Hydraulic Division, ASCE,1999(10):169-1704.

[31] 曹汝轩.高含沙水流挟沙力初步研究[J].水利水电技术,1979(5):55-61.

[32] 李昌华.明渠水流挟沙力初步研究[J].水利水运科学研究,1980(3):76-83.

[33] 窦国仁,王国兵,王向明,等.黄河小浪底工程泥沙问题的研究[J].水利水运科学研究,1995(3):197-209.

[34] 张红武,张清.黄河水流挟沙力计算公式[J].人民黄河,1992(11):7-9.

[35] 舒安平.水流挟沙力公式的验证与评述[J].人民黄河,1993(1):7-9.

[36] 江恩惠. 黄河水流挟沙力计算方法的研究现状[C]∥. 黄科院第四届青年学术讨论会论文集, 1992.

[37] 陈雪峰, 陈力, 李义天. 高、中、低浓度挟沙水流挟沙力公式的对比分析[J]. 武汉水利电力大学学报, 1999, 32(5):1-5.

[38] 黄仁勇, 韦直林, 赵连军. 河床冲淤幅度判别指标与水流挟沙力公式验证. 人民黄河, 2004, 26(5): 22-24.

[39] 谢鉴衡. 河流泥沙工程学[M]. 北京:中国水利水电出版社, 1998.

[40] 韩其为. 悬移质不平衡输沙研究[C]∥. 河流泥沙国际学术讨论会论文集. 西安:光华出版社, 1980.

[41] 韩其为, 何明民. 水库淤积与河床演变数学模型[J]. 泥沙研究, 1987(3).

[42] 何明民, 韩其为. 挟沙能力级配与有效能力级配的确定[J]. 水利学报, 1990(3).

[43] Meyer – Peter E, R Miller. Formula for bed load transport[Z]. Proc., 2nd meeting, Intern. Assoc. Hyd. res., vol. 6. 1948.

[44] Engelund F, Miller R. A sediment transport model for straight alluvial channels[Z]. Nordic hydrology. Vol. 7. 1976.

[45] Ackers P, Fredφe J. Bed material transport: a theory for total load and its verification[Z]. Intern. Symp. On River sedimentation. Beijing. 1980.

[46] Bagnold R A. The nature of saltation and of bed load transport in water[Z]. Proc. Royal Society, Ser. A. Vol. 332. 1973.

[47] Einstein H A. The bed load function for sediment transportation in open channel flows[J]. U. S. Dept. Agriculture, Soil Conservation Ser. Tech. Bull. 1950:1026.

[48] 王新宏. 冲积河流纵向冲淤与横向变形的数值模拟与研究[D]. 西安:西安理工大学, 2000.

[49] 夏军强, 王光谦, 吴保生. 游荡型河流演变及其数值模拟[M]. 北京:中国水利水电出版社, 2005.

[50] 刘金梅, 王士强, 王光谦. 河流冲刷过程中表层床沙粗化对不平衡输沙的影响[J]. 水科学进展, 2000, 11(3):229-233.

[51] 甘明辉, 杨国录, 吴虹娟. 沙质河床二维粗化数值模拟初探[J]. 水科学进展, 2000, 11(3):229-233.

[52] 王延贵, 匡尚富. 河岸淘刷及其对河岸崩塌的影响[J]. 中国水利水电科学研究院学报, 2005, 3(4):251-257.

[53] 夏军强, 王光谦, 吴保生. 黄河下游河床纵向与横向变形的数值模拟[J]. 水科学进展, 2003, 14(4):389-394.

[54] 夏军强, 王光谦, 吴保生. 平面二维河床纵向与横向变形数学模型[J]. 水科学进展, 2003, 14(4):389-394.

[55] 王延贵. 冲积河流岸滩崩塌机理的理论分析及试验研究[D]. 北京:中国水利水电科学研究院, 2003.

[56] Osman A M, Thorne C R. Riverbank stability analysis Ⅰ: theory[J]. Journal of Hydraulic Engineering, ASCE, 1988, 114(2):134-150.

[57] Thorne C R, Osman A M. Riverbank stability analysis Ⅱ: Application[J]. Journal of Hydraulic Engineering, ASCE, 1988, 114(2):151-172.

[58] Pizzuto J E. Channel simulation of gravel river widening[J]. Water Resource Research, 1990, 26(9):1971-1980.

[59] Hong – Wei Fang, Guang – Qian Wang. Three – Dimensional mathematical model of suspended – sedi-

ment Transport[J]. Journal of Hydraulic Engineering, ASCE,2000,126(8):578-592.

[60] 张红武,江恩惠,刘月兰,等.黄河河道数学模型的研究[C]∥.第二届全国泥沙基本理论研究学术讨论会论文集.北京:中国建筑工业出版社,1995:459-464.

[61] 窦国仁.潮汐水流中的悬沙运动和冲淤计算[J].水利学报,1963(4):13-23.

[62] Zhang Ruijin,Xie Jianheng. Sediment research in China[M]. Beijing:China water & power press,1993.

[63] 王新宏,曹如轩,沈晋.非均匀悬移质恢复饱和系数的探讨[J].水利学报,2003,(3):120-124.

[64] 韩其为.水库不平衡输沙的初步研究[Z]∥水库泥沙报告汇编,黄河泥沙研究协调小组编印,1972:145-168.

[65] 韩其为.非均匀悬移质不平衡输沙的研究[J].科学通报,1979(17):32-42.

[66] 韩其为,何明民.恢复饱和系数初步研究[J].泥沙研究,1997(3):32-40.

[67] 韩其为,陈绪坚.恢复饱和系数的理论计算方法[J].泥沙研究,2008(12):8-16.

[68] 杨国录.河流数学模型[M].青岛:海洋出版社,1993.

[69] Lee H Y, Odgaard A J. Simulation of bed armoring in alluvial channels[J]. Journal of Hydraulic Engineering, ASCE, 1986, 112(9): 794-801.

[70] Holly F M, Karim M F. Simulation of Missouri River bed degradation[J]. Journal of Hydraulic Engineering, ASCE, 1986 , 112(6): 497-517.

[71] Karim M F, Holly F M. Armoring and sorting simulation in alluvial rivers[J]. Journal of Hydraulic Engineering, ASCE, 1986, 112(8): 705.

[72] 夏双喜.河流型水库一维水沙数学模型研究及应用[D].西安:西安理工大学,2008.

[73] 韦直林,赵良奎,付小平.黄河泥沙数学模型研究[J].武汉水利电力大学学报,1997,30(5):21-25.

[74] 梁国亭,张仁.黄河小北干流一维泥沙数学模型[J].人民黄河,1996(9):37-39.

[75] 梁志勇,尹学良.冲积河流横向变形的初步数学模型[J].泥沙研究,1991(4):76-81.

[76] 周建军,林秉南,王连祥.平面二维泥沙数学模型的研究与应用[J].水利学报,1993(5):8-18.

[77] 张海燕.河流演变工程学[M].北京:科学出版社,1990.

[78] Yang C T. User's manual for GSTARS 2.0. U.S[Z]. Department of the Interior Bureau of Reclamation Technical Service Center Sedimentation and River Hydraulics Group,Denver,Colorado,1998.

[79] Ikeda S,Parker G,Kimura Y. Stable width and depth of straight gravel rivers with heterogeneous bed materials[J]. Water Resource Research, 1988,24(9):713-722.

[80] Duan J G,Wang S Y. The application of the enhanced CCHE2D model to study the alluvial channel migration processes[J]. Journal of Hydraulic Research,2001,39(5):469-780.

[81] Fukuoka Shoji. 自然堤岸冲蚀过程的机理[J]. 赵韦军,译. 水利水电快报,1996(2):29-33.

[82] 夏军强,王光谦,吴保生.黄河下游的岸滩侵蚀[J].泥沙研究,2002(3):14-21.

[83] 刘士和,刘江,罗秋实. 工程湍流[M]. 北京:科学出版社,2010:89-108.

[84] Thompson J F. Body – fitted coordinate systems for numerical solution of partial differential equations[J]. J Comput Phys,1982(47):1-108.

[85] 朱自强.应用计算流体力学[M].北京:北京航空航天大学出版社,1998.

[86] 董耀华.河势贴体河道平面二维正交网格生成方法的研究及应用[J]. 长江科学院院报,2001,18(4):14-17.

[87] 周龙才.泵系统水流运动的数值模拟[D].武汉:武汉大学,2002.

[88] 魏文礼,王玲玲,金忠青.曲线网格生成技术研究[J].河海大学学报,1998,26(3):93-96.

[89] 吴修广,沈永明,郑永红.非正交曲线坐标下二维水流计算的 SIMPLEC 算法[J].水利学报,2003(2):25-30.

[90] 吴修广. 河道平面二维水流数值模拟与阻力特性研究[D]. 重庆:重庆交通学院,2001.

[91] 叶正寅,杨永年,钟诚文. 非结构网格生成技术方法研究[J]. 航空计算技术,1998,28(1):44-47.

[92] 祁明旭,丰镇平,刘晓勇. 复杂通道内非结构网格的生成方法[J]. 西安交通大学学报,2001,35(10):1062-1066.

[93] Bowyer A. Computing dirichlet tessellations[J]. Then Computer Journal,1981,24(2):162-166.

[94] 田宝林. 基于 Delaunay 三角剖分的非结构网格生成及其应用[D]. 吉林:吉林大学,2000.

[95] 祁明旭,丰镇平. 非结构网格的生成及新型数据类型的应用[J]. 工程热物理学报,2001,22(2):179-181.

[96] 徐明海,张俨彬,陶文铨. 一种改进的 Delaunay 三角形化剖分方法[J]. 石油大学学报,2001,25(2):100-105.

[97] 朱培烨,王红建. Delaunay 非结构网格生成之布点技术[J]. 航空计算技术,1999,29(3):22-25.

[98] 曾扬兵,沈孟育,王保国. 非结构网格生成 Bowyer–Watson 方法的改进[J]. 计算物理,1997,14(2):179-184.

[99] 余欣,安催花,郭选英. 小浪底水库泥沙水动力学数学模型研究及应用[J]. 人民黄河,2000,22(8):17-18.

[100] 方红卫,王光谦. 一维全沙泥沙输移数学模型及其应用[J]. 应用基础与工程科学学报,2000,8(2):154-164.

[101] 梁国亭,高懿堂,梁跃平,等. 非恒定流泥沙数学模型原理及其应用[J]. 泥沙研究,1999(4):44-48.

[102] Lyn D A, Goodwin P. Stabling of a eneral preissmann scheme[J]. J. of Hydra. Eng. ,1987(1).

[103] 周龙才,刘士和. 长江天兴洲河道平面二维流场数值模拟[J]. 武汉大学学报:工学版,2005,38(1):30-33。

[104] 杨芳丽,谢作涛,张小峰,等. 非正交曲线坐标系平面二维电厂温排水模拟[J]. 水利水运工程学报,2005,6(2):36-40.

[105] 张细兵,等,潮流河段温排水影响的平面二维数值模拟[J]. 长江科学院院报,2006,23(3):13-16.

[106] 沈永明,吴修广,郑永红. 曲线坐标下平面二维水流计算的代数应力湍流模型[J]. 水利学报,2005,36(4):383-390.

[107] Jian Ye. Mccorquodale. Depth averaged hydrodynamic model in curvilinear collocated grid[J]. Journal of Hydraulic Engineering, ASCE,1997,123(6):380-388.

[108] Bahram Biglari, Terry W Sturm. Numerical Modeling of flow around bridge abutments in compound channel[J]. Journal of Hydraulic Engineering, ASCE,1998,124(2):156-164.

[109] Lu Yong–jun,Li hao–lin,Dong Zhuang. Two–Dimensional mathematical model of tidal current and sediment for oujiang estuary and Wenzhou Bay[J]. China Ocean engineering,2002,16(1):107-122.

[110] Xie Zuo–Tao, Zhang Xiao–feng, Tan Guang–ming, et al. Numerical simulation of 2D horizontal cooling water discharge in generalized curvilinear coordinate [J]. Journal of Hydrodynamics Ser. B. 2006,18(1):91-96.

[111] Darzi Pan,Jen–Chieh Cheng. A second–order upwind finite–volume method for the Euler solution on unstructured triangular meshes[J]. International Journal For Numerical Method in Fluids, 1993,16(12):1079-1098.

[112] 韩海燕. 二维非结构网格的生成及 Euler 方程计算[J]. 西安:西北工业大学,2003.

[113] K Anstasiou, C T Chan. Solution of the 2D shallow water equations using the finite volume method on unstructured triangular meshes[J]. Int. J. Numer. Method,1997(24):1225-1245.

［114］ C T Chan,K Anstasiou. Solution of incompressible flows with or without a free suface using the finite volume method on unstructured triangular meshes［J］. Int. J. Numer. Method,1999(29):35-67.

［115］ D H Zhao, H W Shen, G Q Tabiousn Ⅲ,et al. Finite－volume two dimensional unsteady flow model for river basins［J］. Asce J. Hydraul. Eng. 1994(120):864-883.

［116］ Harten A, Lax P D,Van Leer B. On upstream differencing and Godunov－type schemes for hyperbolic conservation laws［J］. SIAM Rev. 1983, 25(1):35-61.

［117］ K Hu,C G Mingham, D. M. Causon. A bore－capturing finite volume method for open－channel flows ［J］, Int. J. Numer. Method,1998(28):1241-1261.

［118］ J W Wang, R X Liu. A comparative study of finite volume method on unstructured meshes for simulation of 2D shallow water wave problems［J］. Mathematics and Computers in Simulation,2000(53):171-184.

［119］ Patankar S V. Numerical heat transfer and fluid flow ［M］. NewYork：McGraw-Hill, 1980.

［120］ Patankar S V, Spalding D B. Calculation procedure for heat, mass and momentum transfer in 3－D flows ［J］. Int. J. Heat Mass Transfer, 1972 (15): 1787-1806.

［121］ Patankar S V. Numerical heat transfer and fluid flow ［M］. NewYork：McGraw－Hill, 1980.

［122］ Van Doormaal J P, Raithby G D. Enhancement of SIMPLE method for predicting incompressible fluid flows ［J］. Numer Heat Transfer, 1984 (7): 147-163.

［123］ Raithby G D, Schneider G E. Elliptic systems：finite difference methods Ⅱ ［M］. New York：John Wiley&Sons,1981.

［124］ Sheng Y, Shoukri M, Sheng G,et al. A modification to the SIMPLE method for buoyancy－driven flows ［J］. Numer Heat Transfer, Part B, 1998, 33 (1): 65-78.

［125］ 柏威,鄂学全. 基于非结构化同位网格的 SIMPLE 算法［J］. 计算力学学报,2003(20):702-710.

［126］ Liu Shi－he,Luo Qiu－shi, Mei Jun－ya. Simulation of sediment－laden flow by depth－averaged model based on unstructured collocated grid［J］. Journal of Hydrodynamics,Ser. B,2007,19(4):515-523.

［127］ Liu Shi－he, Zhao Shi－lai, Luo Qiu－shi. Simulation of low concentration sediment－laden flow based on two－phase flow theory ［J］. Journal of Hydrodynamics, Ser. B, 2007, 19(5)653-660.

［128］ 周成成,李红,罗秋实,等,基于曲线网格的温排水运动数值模拟［J］. 武汉大学学报:工学版,2008,40(3):9-12.

［129］ 吴祥华,李玉中. 浦东机场跑道工程江砂开采及对河道的影响［J］. 人民长江,2006,36(11):3-6.

［130］ 栗苏文,李红艳,夏建新. 基于 Default 3D 模型的大鹏湾水环境容量分析［J］. 环境科学研究,2005,18(5):91-95.

［131］ 程海云,黄艳. 丹麦水力研究所河流数值模拟系统［J］. 水利水电快报,1996, 17(19):24-27.

［132］ 袁雄燕,徐德龙. MIKE21 模型在桥渡壅水计算中的应用研究［J］. 人民长江,2006,4,37(4):31-52.

［133］ 左利钦. 水沙数学模型与可视化系统的集成研究与应用［D］. 南京:南京水利科学研究院,2006.

［134］ 茅丽华,严以新,宋志尧. 潮流计算结果的可视化［J］. 海洋工程,2000,18(4):86-89.

［135］ 廖世智. GIS 与二维水流泥沙数学模型的集成及可视化研究［D］. 天津:天津大学,2004.

［136］ 王琦. 河流水沙数值模拟可视化研究与应用［D］. 南京:河海大学,2007.

［137］ 曹为刚. 基于 OpenGL 的三维地形可视化技术与实现［J］. 工程结构,2006,24(2):90-95.

［138］ 韩样. 基于 OpenGL 的三维地形可视化方法研究［J］. 车辆与动力技术,2003(2):11-15.

［139］ 张细兵,龙超平,李线纲. 可视化数学模型及动态演示系统的初步研究与应用［J］. 长江科学院院

报,2003,20 (4)：21-28.

[140] 罗小峰.长江口水流盐度数值模拟[D].南京:南京水利科学研究院,2003.

[141] 李孟国,张华庆,陈汉宝.海岸河口多功能数学模型软件包 TK-2D 的开发研制[J].水运工程,2005(12):1-4.

[142] 李孟国,张华庆,陈汉宝.海岸河口多功能数学模型软件包 TK-2D 研究与应用[J].水道港口,2006,27(1):51-56.

第 2 章　河道阻力及水流挟沙力

2.1　河道阻力

2.1.1　河道阻力的定义

河道阻力反映了河道水流和河床边界的相互作用,阻力一方面决定河道泄流能力的大小,另一方面反映水流对河床作用力的大小,决定泥沙运动的强度,因此阻力取值合理与否不仅影响水流要素的计算精度,而且影响含沙量及河床变形的计算结果。

影响河道阻力的因素包括河床边界和水流条件两方面,根据河床边界的不同,可以将阻力分为定床阻力和动床阻力,天然河道阻力多属于动床阻力。动床阻力一般包括如下几个部分:

(1)沙粒阻力,指河床表面泥沙颗粒对水流产生的表面阻力,可以用床面某一代表粒径计算沙粒阻力。

(2)沙波阻力。冲积河流的床面随着水流强度的增加,床面会由静止的平整状态(静平床),发展到出现沙纹、沙波和沙垄;随着水流强度的继续增加,床面会再次恢复到平整状态(动平床),沙波阻力指在床面存在沙纹、沙波和沙垄时,因沙纹、沙波和沙垄存在而产生的阻力。

(3)河岸及滩面阻力,指河槽两岸滩面、滩面上的附着物(杂草、林地)等以及山区峡谷河流两岸边壁产生的阻力。

(4)河道平面形态阻力,指由于河道江心洲、河道弯曲或河宽变化产生的阻力,河槽平面形态阻力会随水流状态改变而发生较大的变化。

(5)人工建筑物的外加阻力,指河道内的人工建筑物,如险工、护岸、桥梁等增加的局部阻力。

从理论上说,动床阻力计算的合理途径应该是首先弄清楚每一个阻力单元的作用机理和作用大小,然后再进一步推敲不同阻力单元的叠加,研究综合阻力,但是由于影响动床阻力的因素十分复杂,各种作用因素之间甚至还相互影响,目前还很难做到这一点。

2.1.2　河道阻力的计算方法

阻力系数有多种不同的表达方式,如谢才系数 C、曼宁糙率系数 n、达西－韦斯巴赫阻力系数 f 以及床面粗糙度等,它们之间可以相互转化。曼宁糙率系数 n 是工程界最常用的阻力表达形式,也是一维模型和二维模型中常用的阻力表达形式,其计算途径有两种,一种是采用水力半径分割法或能坡分割法划分阻力单元,分别计算各阻力单元的阻力,然后计算总阻力;另一种方法是根据实测资料计算总阻力。目前,已有的糙率系数计算公式可以分为如下几种。

2.1.2.1　以床面特征粒径为主要变量的计算公式

此类公式以床面泥沙的某一特征粒径为主要变量计算糙率,其一般形式为

$$n = \frac{d^y}{A} \tag{2-1}$$

式中:d 为代表粒径;y 为指数;A 为系数。

不同的公式在系数、指数和所选的代表粒径上有所差别。其中特征粒径大多公式中都选用中值粒径。

由于公式本身只含床沙粒径,因此此类公式只适合河床冲淤变化幅度不大,且床面泥沙对河道阻力起控制作用的河道,如中小流量条件下粗糙河床或卵石河床的阻力计算。

2.1.2.2　以河相关系数为主要变量的计算公式

一些学者从河相系数与河道糙率的关系出发,建立了综合糙率与河相系数的经验公式,比较有代表性的是韩其为公式和黄河设计公司糙率计算公式。韩其为[1]曾用三峡、葛洲坝和向家坝等水库的资料,长江中游宜昌—陈家湾卵石夹沙河床的资料,点绘了 $n \sim \sqrt{B/h}$ 的关系,建立综合阻力计算公式如下:

$$n = 0.045 \left(\sqrt{\frac{B}{h}} \right)^{-0.575} \tag{2-2}$$

此外,涂启华、孟白兰等[2]分析了三门峡、盐锅峡、青铜峡、三盛公等水库的实测资料,获得综合糙率系数与河床组成和河槽宽深比的关系,见表 2-1 和图 2-1。

表 2-1　水库综合糙率计算关系式

水库综合糙率(曼宁糙率系数) $n = -a \lg \dfrac{B}{h} + b$

B/h	项目	河床组成						
		细沙	中沙	粗沙	粗沙夹少量细砾	粗沙夹少量卵砾石	细颗粒砂砾卵石	卵石
<135	a	0.026 7	0.028 5	0.030 5	0.032 5	0.034 5	0.042 6	0.046 5
	b	0.07	0.074 7	0.08	0.085 3	0.090 6	0.112	0.121
≥135	n	0.012 ~0.013	0.014	0.015	0.016 ~0.017	0.018 ~0.019	0.020 ~0.021	0.022 ~0.023

2.1.2.3　以水沙要素和床面要素为变量的计算公式

此类公式以赵连军、张红武等建立的河道糙率公式为代表[3]:

$$n = \frac{c_n \delta_*}{\sqrt{g} h^{5/6}} \left\{ 0.49 \left(\frac{\delta_*}{h} \right)^{0.77} + \frac{3\pi}{8} \left(1 - \frac{\delta_*}{h} \right) \left[\sin \left(\frac{\delta_*}{h} \right)^{0.2} \right]^5 \right\}^{-1} \tag{2-3}$$

式中:h 为水深,m;c_n 为涡团参数,$c_n = 0.375\kappa$,κ 为卡门常数,$\kappa = 0.4 - 1.68\sqrt{S_v}(0.365 - S_v)$,$S_v$ 为断面平均的体积比含沙量;δ_* 为摩阻厚度,$\delta_* = D_{50} \{ 1 + 10^{[8.1 - 13Fr^{0.5}(1 - Fr^3)]} \}$,$Fr$ 为弗劳德数,$Fr = \sqrt{u^2 + v^2}/(gh)$,$D_{50}$ 为床沙中值粒径,mm。

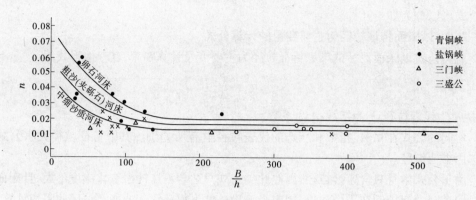

图 2-1　综合糙率计算曲线

该公式较好地考虑了较多的影响水流阻力的因素,并利用黄河下游实测资料进行了验证。

2.1.3　黄河干支流主要断面糙率取值

2.1.3.1　糙率随实测水力要素的变化情况

根据收集到的 1980 年、1986 年和 1990 年黄河干支流主要控制断面实测水力要素资料,分析了河道糙率系数和流量、水深与含沙量的关系,结果见表 2-2。由表 2-2 可以看出:

(1)流量较小时糙率较大,随着流量增加糙率呈减小趋势,尤其是吴堡、利津、潼关和华县几个断面,糙率随流量增加而减小的趋势较为明显。

(2)糙率和水深的相关关系较差。

(3)糙率随含沙量变化的规律较为复杂。部分断面糙率随含沙量增加而减小,如吴堡、利津、潼关、河津和华县断面;部分断面呈现含沙量超过某一值后,糙率随含沙量增加而增加,如夹河滩和洑头等断面。

2.1.3.2　赵连军糙率公式的检验

利用黄河干支流主要控制断面实测资料对赵连军糙率公式进行了检验,见图 2-2。可知,除洑头等个别断面外,绝大部分断面糙率的计算值和实测值吻合较好。

2.1.3.3　主要控制断面糙率取值建议

虽然目前关于河道阻力问题的研究已取得不少成果,但是由于影响河道阻力的因素非常复杂,在不少问题的认识上甚至存在定性的争论,因此从目前来看,完全从理论上确定河道阻力是非常困难的。河流泥沙数学模型计算时应尽可能收集计算河段实测糙率资料,确定初始糙率,然后进行验证计算,通过水位实测值和计算值的对比分析糙率取值是否合理,再确定最终取值。只有在实测资料不能概括或严重缺乏的条件下,才考虑用已有公式计算糙率初始值,也可参考表 2-2 中的糙率统计成果。

表2-2 黄河干支流主要控制断面实测糙率特征值统计

站名	组数	流量(m³/s)	平均水深(m)	含沙量(kg/m³)	不同流量级(m³/s)下河道糙率系数						相关关系		
					0~200	200~500	500~1000	1000~2000	2000~4000	4000以上	流量	水深	含沙量
吴堡	32	114~2730	0.63~2.75	1.18~188	0.018~0.026	0.018~0.022	0.007~0.017	0.013~0.020	0.015~0.017		↓	—	↓
利津	44	46.3~3720	0.86~3.27	0.48~67	0.021~0.030	0.014~0.020	0.011~0.013	0.011~0.013	0.009~0.012		↓	—	↓
夹河滩	31	597~8400	0.53~2.99	2.66~64.4	0.009~0.014	0.009~0.014	0.009~0.014	0.009~0.014	0.011~0.018	0.009~0.012	—	—	↑(大于 40 kg/m³)
花园口	37	387~4380	0.94~1.9	2.51~86.7	0.009~0.022	0.009~0.022	0.009~0.022	0.009~0.017	0.009~0.013	0.009~0.011	—	—	—
龙门	31	245~2840	0.87~3.15	1.85~438							—	—	—
潼关	38	263~4480	0.94~3.21	1.66~324	0.014~0.035	0.014~0.035	0.014~0.035	0.009~0.014	0.009~0.014	0.006~0.014	↓	—	—
河津	21	5.73~346	0.51~1.67	0.17~36.1	0.011~0.028	0.011~0.028	0.011~0.015				↓	—	—
华县	33	117~2160	1.33~5.3	1.28~719	0.011~0.037	0.011~0.037	0.011~0.016	0.011~0.013			↓	—	—
临潼	31	130~2540	0.8~3.66	3.88~483	0.025~0.028	0.025~0.028	0.025~0.028	0.025~0.028			—	—	—
洑头	40	1.59~887	0.58~3.45	9.08~571	0.022~0.036	0.022~0.036	0.022~0.036	0.025~0.036			—	—	↑(大于 300 kg/m³)
朝邑	32	7.17~251	0.47~3.25	0.86~785	0.015~0.041						—	—	—

注："—"表示相关关系差；"↓"表示相关关系较好，且随该变量的增加而减小；"↑"表示相关关系较好，且随该变量的增加而增加。

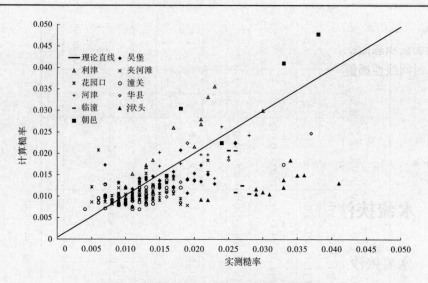

图 2-2　赵连军糙率公式和实测资料的检验

2.1.4　冲淤计算过程中阻力系数的调整

在进行长系列水沙条件下河床冲淤变形计算时,随着水流条件的变化和河床冲淤状态变化,河道糙率也会发生变化。对于水流条件对糙率的影响,模型验证时应注意验证资料的代表性,验证资料应覆盖不同的流量级,此外,还可以考虑建立糙率系数与水力要素之间的关系曲线(如建立流量与糙率的经验关系),计算时根据水力要素变化适时调整河道糙率。对河床冲淤变形对糙率的影响,可参考已有的处理方法:

(1)由付健等开发的小浪底水库模型中,糙率曾作以下处理:

$$n_{t,i,j} = n_{t-1,i,j} - \alpha \frac{\Delta A_{i,j}}{A_0} \tag{2-4}$$

式中:$\Delta A_{i,j}$ 为某时刻各子断面的冲淤面积;t 为时间;α、A_0 为常数,根据实测库区水面线、断面形态、河床组成等综合确定。

计算过程中,要限定糙率计算值不超出一定的范围。

(2)由余欣等研发的黄河下游二维模型,考虑了随着河道的冲淤变化和床沙级配的粗化调整,糙率也会作相应的调整。河道淤积时,糙率减小;河道冲刷时,糙率增大。基于此计算中需根据冲淤情况对糙率进行修正和改进。糙率随冲淤变化的关系式如下:

$$n = n_0 \left(1 - \frac{k_1 - k_2}{\Delta Z_{b\_dep\_max} - \Delta Z_{b\_sco\_max}} \right) \sum \Delta Z_{bi} \tag{2-5}$$

式中:n_0 为初始糙率,根据实测库区水面线、断面形态、河床组成等综合确定;$\Delta Z_{b\_dep\_max}$ 为最大淤积厚度;$\Delta Z_{b\_sco\_max}$ 为极限冲刷深度;$\sum \Delta Z_{bi}$ 为累积冲淤厚度;k_1、k_2 为经验常数,一般为 1.5 和 0.6。

(3)杨国录等开发的 SUSBed 模型中,建议了如下两种处理方法。

①线性插值法:

$$n_b = n_k + (n_0 - n_k) \left(\frac{A_k - A_s(t)}{A_k} \right) \tag{2-6}$$

式中：n_k 为平衡糙率；n_0 为初始糙率；n_b 为过渡糙率；A_k 为水库淤积平衡面积；$A_s(t)$ 为 t 时刻断面淤积总面积。

②时间线性插值法：

或

$$\left. \begin{array}{l} n_b = n_k + (n_0 - n_k)\left(\dfrac{T-t}{T}\right) \\[3mm] n_b = n_0 - (n_0 - n_k)\left(\dfrac{t}{T}\right) \end{array} \right\} \tag{2-7}$$

式中：T 为水库平衡年限；t 为累计计算时段。

2.2　水流挟沙力

2.2.1　水流挟沙力的定义

对水流挟沙力，不同的专家给出了不同的定义。如张瑞瑾在《河流泥沙动力学》中定义水流挟沙力为在一定水流和泥沙综合条件（水流总的平均流速、过水断面面积、水力半径、清水水流的比降、浑水水流的比降 J_s、泥沙沉速、水的密度、泥沙的密度和床面组成等）下，水流能够挟带的悬移质中的床沙质的临界含沙量 S_*。钱宁在《泥沙运动力学》中定义水流挟沙力为在一定的水流条件（流量、含沙量、泥沙组成、水面比降、水的容量、水的黏性）及边界条件（水面宽、水深、河床形态、河床组成、河底比降）综合作用下，水流能够挟带的泥沙通过河段下泄的沙量，认为水流挟沙力包括推移质和悬移质在内的全部沙量。本章讨论的挟沙力指床沙质的输移能力。

钱宁在《泥沙运动力学》一书中指出，影响水流挟沙力的因素包括 4 个方面：①水流条件，包括水流流速、水力半径、水流比降和重力加速度；②水流的物理性质，包括容重和黏性；③泥沙的物理性质，包括泥沙容重、沉速、粒径；④边界条件，包括河床物质的组成、河宽等。水流流速、水力半径、泥沙沉速、水容重、泥沙容重以及水体含沙量等因素对挟沙力计算影响较为直接，是计算水流挟沙力时应主要考虑的影响因素。

2.2.2　水流挟沙力的计算公式

水流挟沙力是水沙运动基本理论研究中最为棘手的难题之一。长期以来，国内外的研究者通过各种手段对水流挟沙力问题进行了大量的研究，他们或者从理论分析入手，或者根据原型观测或试验资料，提出了很多理论的、半经验的或经验的水流挟沙力公式，如爱因斯坦（H·A Einstein）根据泥沙运动统计理论，将悬移质与推移质及床沙组合起来考虑，建立了床沙质泥沙的单宽输沙率公式；张瑞瑾等从能量平衡原理出发，按一维问题导出的半理论公式；沙玉清收集了梅叶－彼得、美国水槽试验站和其他一些学者的水槽试验资料，通过回归分析构建了挟沙力计算公式；杨志达根据单位水流功率理论及因次分析法得到的挟沙力计算公式。其中，最具代表性的成果是 20 世纪 50 年代，张瑞瑾以大量实测资料和水槽中阻力损失及水流脉动速度的试验成果为基础，在制索假说的指导下，由能量平衡理论推导的水流挟沙力公式：

$$S^* = k\left(\frac{U^3}{gh\omega}\right)^m \tag{2-8}$$

式中：S^* 为以质量计的水流挟沙力；ω 为泥沙沉速；k、m 分别为挟沙力系数和挟沙力指数，对于不同的河道具有不同的取值，在计算时可根据实测资料确定。

由于张瑞瑾公式是基于能量平衡而推导的半经验公式，在量纲上是和谐的，并且经过了长江、黄河及若干水库、渠道及室内水槽等大量资料的验证，因此该公式具有坚实的理论和实践基础。

韩其为以张瑞瑾的挟沙力公式为基础，利用汉江丹江口水库、汉江中下游、黄河三门峡水库、永定河官厅水库、长江荆江河段、黄河下游河道及渠道、克诺罗兹试验、凯林斯基细沙试验等资料，点绘了 $S^* \sim \dfrac{U^3}{gh\omega}$ 关系（见图 2-3），总结了张瑞瑾公式的指数和系数的取值经验，同时结合泥沙数学模型在大量工程的应用实践后，认为：当含沙量小于 100 kg/m³时，挟沙力公式的指数 m 值为定值 0.92，k 值在 0.114~0.327 变化，如在图 2-3 所收集的资料中 k 取值为 0.245，在长江中下游可取 0.114~0.163，黄河下游可取 0.204~0.245，详见文献[1]。目前，由韩其为率定的挟沙力系数和指数在工程实践中得到了广泛的应用。

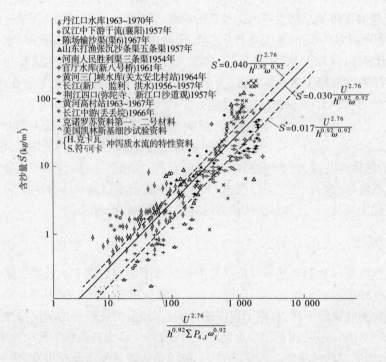

注：图中黑实线表示平衡状态的挟沙力，上虚线表示淤积状态趋近平衡挟沙力，下虚线表示冲刷状态趋近平衡挟沙力。

图 2-3　挟沙力关系

对于高含沙水流，由于大量泥沙颗粒的存在，水流的物理特性、运动特性以及泥沙颗粒的沉降特性等都会发生较大的变化。张瑞瑾公式没有考虑含沙量对水流挟沙力的影响,因此对高含沙水流的适应性较差,已有成果表明,该适合含沙量小于 $50 \sim 100 \ \text{kg/m}^3$ 时挟沙力计算,对于高含沙水流,计算误差较大。为此,张红武从能量消耗和泥沙悬浮功之间的关系出发,考虑了泥沙存在对卡门常数和泥沙沉速的影响,给出了适用于不同含沙量的悬移质水流挟沙力公式:

$$S^* = 2.5 \times \left[\frac{(0.0022 + S_v)}{\kappa \frac{\gamma_s - \gamma_m}{\gamma_m}} \ln\left(\frac{h}{6D_{50}}\right)\left(\frac{U^3}{gh\omega_c}\right) \right]^{0.62} \tag{2-9}$$

式中:S_v 为挟沙水流的体积含沙量;h 为水深;D_{50} 为床沙中值粒径;γ_s 为沙粒容重;γ_m 为浑水容重;κ 为卡门常数,$\kappa = 0.4 - 1.68\sqrt{S_v}(0.365 - S_v)$。

　　虽然张红武公式的处理过程有一定的经验性,但其计算范围的包容性相对较好,且自建立以来,经过了长江、黄河、辽河及 Muddy 等国内外河流实测资料的验证,验证成果表明,该公式不但适用于一般挟沙水流,而且适用于高含沙水流,王光谦、舒安平、江恩惠、陈立、韦直林等的研究也表明从实用的角度考虑,现阶段以该式的计算精度最高。

　　表2-3 进一步给出了几家较为典型的挟沙力计算公式。从表中可以看出,不少学者的挟沙力计算公式都可以写成 $S^* = k\left(\frac{U^3}{gh\omega}\right)^m$ 的形式,其中:k 为挟沙力系数,m 为挟沙力指数,各家公式 m 值取值一般为 $0.62 \sim 0.92$,如 m 在张红武、刘兴年[4]、舒安平[5]、韩其为公式中取值分别为 0.62、0.69、0.72、0.92,张启卫[6]用范围较广的黄河实测资料,回归分析得到 m 值 0.7414,而邓安军等建立的挟沙力公式中 m 值为 0.72。

表2-3　数学模型的常用挟沙力公式一览

序号	作者	公式形式	主要参数计算
1	张红武等[7]	$S^* = 2.5 \times \left[\frac{(0.0022 + S_v)}{\kappa \frac{\gamma_s - \gamma}{\gamma_m}} \frac{U^3}{gh\omega_c} \ln\left(\frac{h}{6D_{50}}\right) \right]^{0.62}$	$\omega_c = \omega\left[\left(1 - \frac{S_v}{2.25\sqrt{D_{50}}}\right)^{3.5} (1 - 1.25S_v) \right]$, 卡门常数由公式 $\frac{\kappa}{\kappa_0} = 1 - 4.2\sqrt{S_v}(0.365 - S_v)$, κ_0 为清水卡门常数,D_{50} 为床沙中值粒径
2	韩其为等[1]	$S^* = 12.985 \times (K_0)\left(\frac{\gamma'}{\gamma_s - \gamma'} \frac{U^3}{gR\omega_c}\right)^{0.92}$	$\omega_c = \omega_K\left(1 - \frac{S}{\gamma_s}\right)^7 = \sum_{K=1}^{N} P_K\omega_{cK}$;水库 $K_0 = 0.03$,河道 $K_0 = 0.02$
3	张启卫等[6]	$S^* = 0.4515 \times \left(\frac{\gamma'}{\gamma_s - \gamma'} \frac{U^3}{gR\omega_c'}\right)^{0.7414}$	$\omega_{cK} = \omega_K(1 - S_v)^8, \omega_c = \sum_{K=1}^{N} P_K\omega_{cK}$
4	舒安平[5]	$S^* = 0.3551 \times \left[\frac{\lg(\mu_r + 0.1)}{\kappa^2} \left(\frac{f_m}{8}\right)^{\frac{3}{2}} \frac{\gamma'}{\gamma_s - \gamma'} \frac{U^3}{gR\omega_c} \right]^{0.72}$	卡门常数由公式 $\kappa/\kappa_0 = 1 - 1.5\lg\mu_r(1 - \mu_r)$ 计算

注:表中挟沙力公式的单位分别采用 m、kg、s 制。

2.2.3 挟沙力公式的适应能力

已有挟沙力计算公式的适应能力如何,是诸多学者和工程技术人员比较关心的问题。为了分析已有挟沙力公式在黄河上的适应能力,本次研究收集了黄河干支流主要控制断面 344 组实测含沙量资料,对应用较为广泛的张瑞瑾公式和张红武公式进行了对比分析。本次所选的资料含沙量变化范围为 $0.17 \sim 785 \ kg/m^3$,流量变化范围为 $1.59 \sim 8\ 400$ m^3/s,资料涵盖范围广,代表性强,表 2-4 给出了实测资料特性。

表 2-4　实测资料特性

站名	组数	实测含沙量 (kg/m³)	平均水深 (m)	河宽 (m)	流量 (m³/s)	悬沙中值粒径 (mm)
吴堡	32	1.18 ~ 188	0.63 ~ 2.75	228 ~ 323	114 ~ 2 730	0.007 ~ 0.15
利津	24	0.48 ~ 67	0.86 ~ 3.27	134 ~ 490	46.3 ~ 3 720	0.001 ~ 0.051
夹河滩	26	2.66 ~ 64.4	0.53 ~ 2.99	683 ~ 3 140	597 ~ 8 400	0.006 ~ 0.039
花园口	37	2.51 ~ 86.7	0.94 ~ 1.9	252 ~ 1 940	387 ~ 4 380	0.000 7 ~ 0.052
龙门	31	1.85 ~ 438	0.87 ~ 3.15	168 ~ 274	245 ~ 2 840	0.013 ~ 0.05
潼关	38	1.66 ~ 324	0.94 ~ 3.21	328 ~ 977	263 ~ 4 480	0.008 ~ 0.043
河津	21	0.17 ~ 36.1	0.51 ~ 1.67	27 ~ 123	5.73 ~ 346	0.005 ~ 0.026
华县	33	1.28 ~ 719	1.33 ~ 5.3	107 ~ 428	117 ~ 2 160	0.008 ~ 0.033
临潼	31	3.88 ~ 483	0.8 ~ 3.66	19 ~ 378	130 ~ 2 540	0.009 ~ 0.029
洑头	40	9.08 ~ 571	0.58 ~ 3.45	36.1 ~ 78.5	1.59 ~ 887	0.006 ~ 0.046
朝邑	32	0.86 ~ 785	0.47 ~ 3.25	1.29 ~ 70	7.17 ~ 251	0.006 ~ 0.038

2.2.3.1 张瑞瑾挟沙力公式

点绘张瑞瑾公式中 $\dfrac{U^3}{gh\omega} \sim S$ 关系曲线,见图 2-4。可知:在所收集的资料条件下,当含沙量小于 $100 \ kg/m^3$ 时,$\dfrac{U^3}{gh\omega}$ 和实测含沙量 S 相关性较好,且近似呈线性关系,因此含沙量小于 $100 \ kg/m^3$ 时可取挟沙力指数 m 为常数,经拟合 $m = 0.892$,和韩其为院士建议的取值 0.92 非常接近;当含沙量大于 $100 \ kg/m^3$ 时,$\dfrac{U^3}{gh\omega}$ 和实测含沙量 S 相关性变差,张瑞瑾公式的适用能力变差,和前期研究结论一致,此时若调整挟沙力指数取值,也能获得较好的计算结果。

2.2.3.2 张红武挟沙力公式

点绘张红武公式中 $\dfrac{(0.002\ 2 + S_v)}{\kappa \dfrac{\gamma_s - \gamma_m}{\gamma_m}} \dfrac{U^3}{gh\omega_c} \ln\left(\dfrac{h}{6D_{50}}\right) \sim S$ 关系曲线,见图 2-5。可知:当含

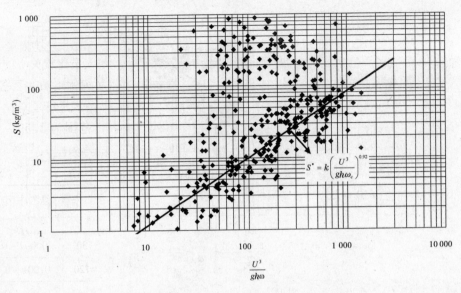

图 2-4 张瑞瑾公式中 $\dfrac{U^3}{gh\omega}$ 与实测含沙量 S 关系

沙量小于 1 000 kg/m³ 时, $\dfrac{(0.002\,2 + S_v)}{\kappa\dfrac{\gamma_s - \gamma_m}{\gamma_m}} \dfrac{U^3}{gh\omega_c}\ln\left(\dfrac{h}{6D_{50}}\right)$ 和实测含沙量 S 相关性较好,且近

似呈线性关系,因此当含沙量小于 1 000 kg/m³ 时,可取挟沙力指数 m 为常数,经拟合 $m =$ 0.64,和张红武公式的取值 0.62 相差不多;当含沙量大于 1 000 kg/m³ 时, $\dfrac{(0.002\,2 + S_v)}{\kappa\dfrac{\gamma_s - \gamma_m}{\gamma_m}}$

$\dfrac{U^3}{gh\omega_c}\ln\left(\dfrac{h}{6D_{50}}\right)$ 和实测含沙量 S 相关性变差。

2.2.3.3 挟沙力计算建议

由于影响水流挟沙力的因素非常复杂,受现阶段认识水平和研究水平的限制,即使现阶段广泛使用的挟沙力公式也未必具有普适性。如图 2-4 和图 2-5 中,点群虽然具有明显的趋势性,但是在不少条件下挟沙力计算值和实测含沙量还存在不少的误差。以计算精度较好的张红武公式为例,挟沙力计算值和实测值之间的相对差值(见图 2-6)在不少情况下仍会达到 1.5 ~ 2.0,当然,这可能是由于河道处于冲淤不平衡状态所致,但不可否认现阶段对挟沙力的认识水平仍有限,已有的挟沙力计算公式很难具有普适性,在计算选择挟沙力计算公式时建议:

(1)张瑞瑾公式适用于当水流含沙量小于 100 kg/m³ 的情况,采用张瑞瑾公式计算水流挟沙力时,挟沙力指数可参考韩其为的研究成果,取 $m = 0.92$,k 值的确定需要根据计算河段实测资料率定。

(2)张红武公式适用于当水流含沙量小于 1 000 kg/m³ 的情况,适用范围较张瑞瑾公式广泛,尽管张红武公式推导时已经给出了挟沙力系数 $k = 2.5$ 和指数 $m = 0.62$,且对大量实测资料来看整体表现良好,但是在部分情况下仍有必要调整,此时挟沙力指数可取 $m = 0.62$,系数 k 值可利用实测资料率定。

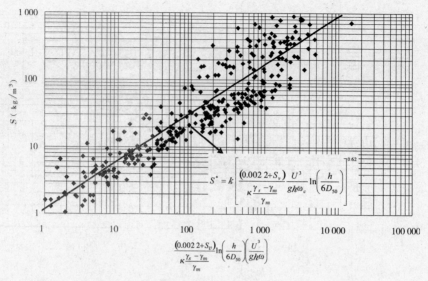

图 2-5　张红武公式中 $\dfrac{(0.002\ 2 + S_v)}{\kappa\dfrac{\gamma_s - \gamma_m}{\gamma_m}}\dfrac{U^3}{gh\omega_c}\ln\left(\dfrac{h}{6D_{50}}\right)$ 与实测含沙量 S 关系

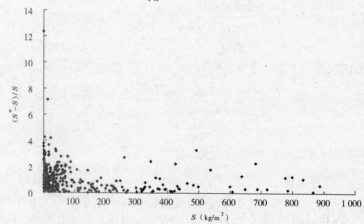

图 2-6　挟沙力计算值与实测含沙量 S 相对差值

参 考 文 献

[1] 韩其为. 水库淤积[M]. 北京:科学出版社,2003.
[2] 涂启华,杨赉斐. 泥沙设计手册[M]. 北京:中国水利水电出版社,2006.
[3] 江恩惠,赵连军,张红武. 多沙河流洪水演进与冲淤演变数学模型研究及应用[M]. 郑州:黄河水利出版社,2008.
[4] 刘兴年. 黄河下游河道演变基本规律[D]. 成都:四川联合大学,1995.
[5] 舒安平. 水流挟沙能力公式的转化和统一[J]. 水利学报,2009(1):19-26.
[6] 张启卫. 黄河下游泥沙数学模型及其应用[J]. 人民黄河,1994(1):4-8.
[7] 张红武,黄远东,赵连军,等. 黄河下游非恒定输沙数学模型—Ⅰ模型方程与数值方法[J]. 水科学进展,2002(5):265-270.

第 3 章 河道冲淤变形及模拟技术

3.1 河道冲淤变形的分类

河道冲淤变形是指河道在水流冲刷的直接或间接作用下发生的变形。以往研究成果中常常将河道的冲淤变形分为纵向变形和横向变形。纵向变形主要是由含沙水流的纵向冲淤引起的变形,横向变形是指由岸滩的淤长和侵蚀后退引起的河道平面形态变化。实际上,将河床变形划分为纵向变形和横向变形并不是绝对的,因为河道平面形态变化也可能是由纵向冲淤变形引起的,如纵向淤积可能引起岸滩的淤长,纵向冲刷可能会引起岸滩的后退(见图 1-2)。本章建议按照河床变形的原因将其划分为三类:由含沙水流的垂向冲淤所引起的变形,由含沙水流侧向淘刷所引起的岸滩变形,由岸滩崩塌所引起的岸滩变形(包括由重力作用、渗流作用、冻融作用或人为因素引起的坍塌)。

本章主要探讨如何基于已有的研究成果,尽可能在模型中准确反映河床冲淤变形。

3.2 含沙水流的垂向冲淤

含沙水流的垂向冲淤分为由悬移质不平衡输移引起的冲淤变形和由推移质不平衡输移引起的冲淤变形。垂向冲淤变形一般采用非耦合解法,即假定在一定时间内,河床不发生变形,求解水流运动方程,在此基础上求解悬移质输移方程和推移质输沙率,然后根据河床变形方程求解垂向冲淤变形量,目前的河流泥沙数学模型均能够计算垂向冲淤变形。

3.3 近岸水流的侧向淘刷

对于近岸水流的侧向淘刷作用,目前一般采用如下方法计算:

$$\Delta B = \frac{C_l \Delta t (\tau - \tau_c) e^{-1.3\tau_c}}{\gamma_b} \tag{3-1}$$

式中:ΔB 为 Δt 时间内黏性土河岸因水流侧向淘刷后退的距离;γ_b 为河岸土体容重;τ 为水流的切应力;τ_c 为河岸土体的起动切应力,可由唐存本提出的公式计算;C_l 为河岸冲刷系数,可由实测资料确定。

河岸冲刷后退往往是由于水流纵向冲刷和侧向侵蚀共同作用的结果(纵向冲刷也会引起河岸的冲刷后退),而在式(3-1)的建立及相关参数率定的过程中是不可能将纵向侵蚀引起的冲刷后退和侧向淘刷引起的冲刷后退分开考虑,因此式(3-1)的冲刷后退距离应该是纵向冲刷和侧向侵蚀共同作用下的侵蚀距离。如果将该结果直接和前面水动力学模型耦合考虑,因重复考虑水流的纵向侵蚀会导致一定的误差。因此,在采用式(3-1)计算水流侧向淘刷时应加强相关参数的率定和验证工作。

3.4 岸滩崩塌

国内外对土质河岸的重力侵蚀进行了广泛的研究,建立了黏性土河岸、非黏性土河岸及混合土河岸的崩塌模式。目前,已有不少学者将土质河岸重力侵蚀模式引入一维或二维水沙数学模型进行河岸变形计算,但现有岸滩崩塌模式都是建立在断面的基础上,对于非结构网格上的二维或三维模型,由于难以确定计算断面,已有的概化模式尚难以直接应用。基于上述原因,本章将结合现有的研究成果[1]提出适合于非结构网格的特点的土质河岸重力侵蚀概化模式。

3.4.1 黏性土河岸的崩塌计算

目前,一般将黏性土河岸的崩塌变形概化为如图 3-1 所示的模式,水流流经河岸时由于水流的侧向侵蚀作用,岸脚冲刷后退 ΔB,当河岸临空面高度 $\dfrac{H_2}{H_1}$ 大于某一临界值 $\left(\dfrac{H_2}{H_1}\right)_c$ 时河岸发生初次崩塌,之后若水流继续侵蚀河岸,仍采用 $\dfrac{H_2}{H_1}$ 判断河岸是否发生二次崩塌。本章仍基于这种探讨模式,探讨非结构网格上河岸在重力作用下的坍塌计算。

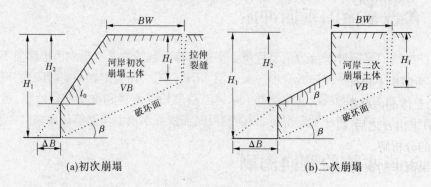

(a)初次崩塌　　　　　　　　　　(b)二次崩塌

图 3-1　黏性土河岸重力坍塌模式

在图 3-2 所示的二维(或三维)模型中近岸网格单元的剖面图中,PeE 为初始河岸,$ABCD$ 为网格剖面,由于在二维(或三维)模型中常常假定单元内部河底为一水平面,网格剖面 $ABCD$ 为阶梯状。在计算过程中,可结合非结构网格的特点,按照夏军强建议的方法计算河岸的重力坍塌。

(1)根据河流泥沙数学模型中的河床冲淤变形公式计算含沙水流的垂向冲淤,假定河床侵蚀至 P'。

(2)根据近岸水流侧向淘刷公式,计算河岸侧向淘刷距离。发生侧向淘刷后,河岸坡脚将移至 P'。在如图 3-2 所示的概化模式中,可根据水深和网格中心线距离 L_{PE} 计算 α,并可由此确定转折点以上河岸高度 H_2,计算公式如下:

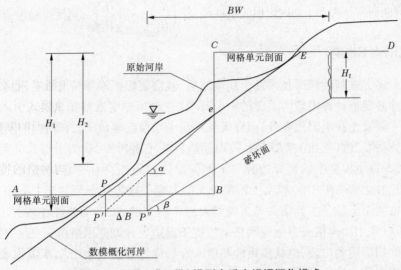

图 3-2   二维(或三维)模型中重力坍塌概化模式

$$\alpha = \frac{H_1}{L_{PE}} \tag{3-2}$$

$$H_2 = H_1 - \Delta B \tan\alpha \tag{3-3}$$

式中:L_{PE} 为网格中心点 P、E 之间的水平距离。

(3)根据下式计算崩塌发生后,破坏面与水平面的夹角。

$$\beta = 0.5 \times \left\{ \arctan\left[\left(\frac{H_1}{H_2}\right)_m (1 - k^2) \tan\alpha \right] + \varphi \right\} \tag{3-4}$$

式中:k 为河岸上拉伸裂缝深度 H_t 与河岸高度 H_1 之比,可根据黏性土的临界直立高度确定;φ 为土体的内摩擦角。

(4)求出 β 之后,即可根据土力学中的边坡稳定性理论,计算将要发生坍塌时相对河岸高度的分析解。

如果河岸初次坍塌:

$$\left(\frac{H_1}{H_2}\right)_c = 0.5 \times \left[\frac{\lambda_2}{\lambda_1} + \sqrt{\left(\frac{\lambda_2}{\lambda_1}\right)^2 - 4\left(\frac{\lambda_3}{\lambda_1}\right)} \right] \tag{3-5}$$

式中:$\lambda_1 = (1 - k^2)(0.5\sin2\beta - \cos^2\beta\tan\varphi)$;$\lambda_2 = \dfrac{2(1-k)C}{(\gamma_{bank} H_2)}$,$\gamma_{bank}$ 为河岸土体容重,C 为黏性土的凝聚力;$\lambda_3 = \dfrac{(\sin\beta\cos\beta\tan\varphi - \sin^2\beta)}{\tan\alpha}$。

如果河岸发生二次坍塌,假定坍塌方式为平行后退(见图 3-1(b)),此时可根据下式计算:

$$\left(\frac{H_1}{H_2}\right)_c = 0.5 \times \left[\frac{\omega_2}{\omega_1} + \sqrt{\left(\frac{\omega_2}{\omega_1}\right)^2 + 4} \right] \tag{3-6}$$

式中:$\omega_1 = \sin\beta\cos\beta - \cos^2\beta\tan\varphi$;$\omega_2 = \dfrac{2(1-k)C}{(\gamma_{bank} H_2)}$。

（5）判断河岸是否发生初次坍塌的条件是：若 $\left(\dfrac{H_1}{H_2}\right)_m < \left(\dfrac{H_1}{H_2}\right)_c$，则河岸稳定；若 $\left(\dfrac{H_1}{H_2}\right)_m > \left(\dfrac{H_1}{H_2}\right)_c$，则岸坡不稳定。

　　根据上述方法判断河岸是否发生崩塌之后，就需要根据崩岸情况修正网格单元高程，这是河岸冲淤变形计算中较为关键的一个环节，也是河岸变形模拟的难点。侧向侵蚀和重力坍塌一般发生在干湿边界处，而在天然河道中水位变幅较大，计算网格很难捕捉到干湿边界，已有的二维（三维）模型大多采用动边界法干湿边界，认为干湿单元交界面即为干湿界面，即数学模型中的河岸边界与天然河岸边界可能存在一定的差别（如图 3-3 所示）。此外，在二维（或三维）模型中网格单元的尺度一般为几十米甚至上百米，而河岸崩塌尺度是由河岸土质及水流条件等多种因素综合决定的，二者相差往往较大。从技术上来讲，是可以采用动网格或自适应网格来捕捉干湿边界并调整网格单元尺度，使其能准确地反映河岸崩塌后的岸坡，但从实用的角度来看这样处理会大大增加计算量，是得不偿失的。既然现有的水沙数学模型尚难以准确构造如图 3-3 所示崩塌后的河岸形态，最实用的办法就只能通过修正网格单元高程进行概化处理。因此，本章采用冲淤量守恒法修正网格单元高程。根据坍塌后河岸上的几何形态关系，可分别求出发生在网格单元 P 和网格单元 E 的崩塌量 ΔV_P、ΔV_E，据此对网格单元高程进行修正。在修正过程中要考虑侧向淘刷引起的变形 $\Delta V_{侧}$。

$$\Delta Z_{bP} = \frac{\Delta V_P + I_C \Delta V_{侧}}{A_{CVP}} \tag{3-7}$$

$$\Delta Z_{bE} = \frac{\Delta V_P + (1 - I_C) \Delta V_{侧}}{A_{CVP}} \tag{3-8}$$

式中：I_C 为系数，如果河岸处 P 单元的所有单元节点部分在水下取 $I_C = 1$，否则取 $I_C = 0$。

　　根据上述方法修正后单元 P 和单元 E 的高程将分别侵蚀至 P_1 和 E_1，新的河岸形态如图 3-3 所示，图中 $P_1 E_1$ 为崩塌后的概化河岸，从形态上来看这与夏军强等的河岸崩塌概化成果存在一定的差别，但也近似反映了河岸崩塌后退的过程。

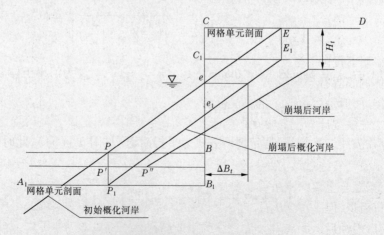

图 3-3　河岸崩塌后网格单元高程修改示意

3.4.2 非黏性土河岸的崩塌计算

夏军强将非黏性土体的崩塌概化为如下过程:近岸水流侵蚀岸脚,导致水面以上的河岸土体崩塌,崩塌后的河岸土体堆积在岸边,河岸崩塌前后河岸形态如图 3-4 所示。室内和野外观测资料表明,非黏性土河岸崩塌变形前后不仅河岸形态相似,而且崩塌的河岸土体面积与堆积在河岸上的土体面积相等。为此,文献[4]和文献[9]认为非黏性土河岸坡脚冲刷后,导致水面以上河岸土体崩塌,崩塌后的河岸土体堆积在岸边的坡度为泥沙水下休止角,假设这个作用与河岸边坡直接平行后退 ΔB 距离后的作用相当,即认为后退距离 ΔB 包含了非黏性河岸冲刷与崩塌的综合结果。同样可采用类似于 Osman 等提出的计算公式计算 ΔB,本章采用同样的方法进行非黏性土崩塌计算。在崩塌发生后采用类似黏性土的方法修正网格高程。

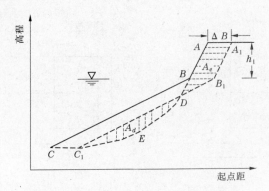

ABC—初始河岸;ABDEC—近岸水流冲刷后的河岸;
$A_1B_1C_1$—河岸崩塌土体在河岸堆积后的河岸形态;A_e—河岸崩塌土体的面积;
A_d—堆积在河岸上的崩塌土体面积

图 3-4 非黏性土河岸重力坍塌模式

3.4.3 混合土质、河岸的崩塌计算

天然河道中的混合土质河岸,一般以上部为黏性土下部为非黏性土结构为主。已有的研究成果常常将其概化为如图 3-5 所示的崩塌模式,即认为下部非黏性土体在水流的侧向淘刷作用下侵蚀后退,上部黏性土将在上部悬挂,当下部非黏性土体的冲刷距离 L 大于上部土体的临界挂空长度 L_c 后,上部土体才发生崩塌,这种概化模式虽然和实际物理过程较为接近,但是目前的二维模型很难处理类似的变形,这是因为非黏性土体的崩塌后退距离与二维模型计算网格尺度很难匹配,对于类似的河岸形态目前的计算网格基本无法反映。

考虑到模型实施过程中的困难,本章在计算过程中将坍塌模式概化为如图 3-6 所示的过程:①当混合土质河岸下部非黏性土层发生侵蚀时,暂假定上部黏性土层随下部非黏性土层平行后退,但不考虑上部非黏性土侵蚀(区域 D)对河岸边坡以及水体含沙量的影响;②当河岸侵蚀后退距离 L 大于黏性土体的临界挂空长度 L_c 后,考虑上部黏性土层的崩塌(坍塌长度 L_c),将崩塌土体(区域 D)以源项的形式加入泥沙输移方程进行计算。

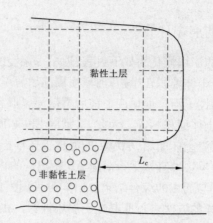

图 3-5　混合土质河岸重力坍塌计算模式

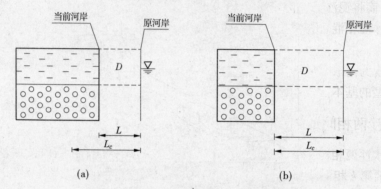

图 3-6　混合土质河岸重力坍塌修正模式

参 考 文 献

［1］夏军强,王光谦,吴保生. 游荡型河道的演变及其数值模拟[M]. 北京:中国水利水电出版社,2004.

［2］王光谦,张红武,夏军强. 游荡型河流演变及模拟[M]. 北京:科学出版社,2005.

第 4 章　数学模型的基本方程

4.1　水沙两相流的基本方程

挟沙水流属于复杂的液固两相流动,含沙水流中存在着紊动水流、泥沙颗粒及河床边界之间的复杂相互作用。对于水沙两相流的研究有的学者将水流相和泥沙相的混合物视为连续介质;有的学者将水流相和泥沙相分别视为不同的连续介质;也有学者将水流相视为连续介质,而将泥沙相视为离散介质。根据这些区别,可以建立不同的水沙两相流模型,如:将水沙两相混合物视为连续介质可建立起水沙两相的单流体模型;将水流相和泥沙相分别视为不同的连续介质可建立起挟沙水流的双流体模型;将水流相视为连续介质,而将泥沙相视为离散介质可建立挟沙水流的欧拉 – 拉格朗日模型。本章仅介绍水沙两相流单流体模型的基本方程和双流体模型的基本方程。

4.1.1　水沙两相间的相互作用力分析

在建立水沙两相流基本方程之前,首先将挟沙水流中的泥沙颗粒按照粒径分为 M 组,以 d_k 表示第 k 相泥沙的等容直径;以 ρ_w 和 ρ_{pk} 分别表示水流相和第 k 相泥沙的材料密度;以 u_{wi} 和 u_{ki} 分别表示水流相和第 k 相泥沙在 i 方向的运动速度;以 φ_w、φ_k 分别表示水流相与第 k 相泥沙的体积浓度,根据体积浓度的定义有 $\varphi_w + \sum\limits_k \varphi_k = 1$。

4.1.1.1　水流与泥沙之间的相互作用

文献[1]认为在含沙水流中,泥沙颗粒所受的力主要为黏性阻力、附加质量力和压力梯度力。

1)黏性阻力

单颗第 k 相泥沙颗粒在水流中所受的阻力 F'_{Dki} 为

$$F'_{Dki} = \frac{1}{2}\rho_w \frac{\pi}{4}d_k^2 C_{Dk}|u_{ki}-u_{wi}|(u_{ki}-u_{wi}) \tag{4-1}$$

如单位体积内有 n_k 颗泥沙,则泥沙颗粒所受总阻力为

$$F_{Dki} = n_k \frac{1}{2}\rho_w \frac{\pi}{4}d_k^2 C_{Dk}|u_{ki}-u_{wi}|(u_{ki}-u_{wi}) \tag{4-2}$$

式中:第 k 相泥沙的粒子数 n_k 与体积浓度 φ_k 之间关系为

$$\varphi_k = n_k \frac{\pi}{6}d_k^3 \tag{4-3}$$

式中:阻力系数 C_{Dk} 可根据已有的经验公式取值。

2)附加质量力

单颗第 k 相泥沙颗粒在水流中所受的附加质量力 F'_{Mki} 为

$$F'_{Mki} = k_{me} \frac{\pi}{6} d_k^3 \rho_w \left(\frac{\mathrm{d}u_{ki}}{\mathrm{d}t} - \frac{\mathrm{d}u_{wi}}{\mathrm{d}t} \right)$$

根据式(4-3),可得单位体积内所受附加质量力为

$$F_{Mki} = k_{me} \rho_w \varphi_k \left(\frac{\mathrm{d}u_{ki}}{\mathrm{d}t} - \frac{\mathrm{d}u_{wi}}{\mathrm{d}t} \right) \tag{4-4}$$

式中:k_{me} 为附加质量力系数,可采用半经验公式 $k_{me} = k_m(1 + 4.2\varphi_k)$ 求出,式中 $k_m = 0.5$。

3)压力梯度力

单颗第 k 相泥沙颗粒在水流中的压强梯度为 $-\frac{\partial p}{\partial x_i}$ 的流场中所受的压力梯度力为

$$F'_{pki} = -\frac{\pi}{6} d_k^3 \frac{\partial p}{\partial x_i} \tag{4-5}$$

根据式(4-3),可得单位体积内的压力梯度力为

$$F_{pki} = -\varphi_k \frac{\partial p}{\partial x_i} \tag{4-6}$$

4.1.1.2 泥沙颗粒之间的相互作用

当水体中泥沙浓度足够高时,需考虑泥沙颗粒之间的相互作用,此时一方面要考虑泥沙之间因碰撞而引起的动量变化,同时还要考虑因紊动而引起的动量变化。本章采用文献[1]和文献[2]中的形式来描述因泥沙与泥沙之间的相互作用而引起的单位体积内第 k 相泥沙的作用力:

$$F_{Ck,i} = \rho_{pk} \varphi_k \nu_{Tk} \left(\frac{\partial u_{ki}}{\partial x_j} + \frac{\partial u_{kj}}{\partial x_i} \right) \tag{4-7}$$

4.1.2 水沙两相单流体模型的基本方程

如果将水沙两相混合物视为连续介质,令 ρ_m、p_m 和 u_{mi} 分别表示混合物密度、压强以及 i 方向上的流速,则

$$\left. \begin{aligned} \rho_m &= \rho_w \varphi_w + \sum_k \rho_k = \rho_w + \sum_k \varphi_k (\rho_{pk} - \rho_w) \\ p_m &= p_w + \sum_k \varphi_k (p_k - p_w) \\ u_{mi} &= \frac{\rho_w \varphi_w u_{wi} + \sum_k \rho_{pk} \varphi_k u_{ki}}{\rho_m} = \frac{\rho_w \varphi_w u_{wi} + \sum_k \rho_{pk} \varphi_k u_{ki}}{\rho_m} \end{aligned} \right\} \tag{4-8}$$

则根据混合物的质量守恒定律和牛顿第二定律可建立水沙两相单流体模型的基本方程如下。

$$\frac{\partial \rho_m}{\partial t} + \frac{\partial (\rho_m u_{mi})}{\partial x_i} = 0 \tag{4-9}$$

$$\frac{\partial (\rho_m u_{mi})}{\partial t} + \frac{\partial (\rho_m u_{mi} u_{mj})}{\partial x_j} = \rho_m g_i - \frac{\partial p_m}{\partial x_i} + \frac{\partial \tau_{m,ij}}{\partial x_j} \tag{4-10}$$

式中:$\tau_{m,ij}$ 为混合体的 i 方向上的切应力,根据牛顿内摩擦定律有:

$$\tau_{m,ij} = \mu_w \left(\frac{\partial u_{wi}}{\partial x_j} + \frac{\partial u_{wj}}{\partial x_i} \right) + \sum_k \mu_k \left(\frac{\partial u_{ki}}{\partial x_j} + \frac{\partial u_{kj}}{\partial x_i} \right)$$

4.1.3　水沙两相双流体模型的基本方程

如果将水流相和泥沙相分别视为不同的连续介质,则根据水流相及泥沙相的质量守恒定律和动量守恒定律可建立水沙两相双流体模型的基本方程如下。

水流相:

$$\frac{\partial(\rho_w \varphi_w)}{\partial t} + \frac{\partial(\rho_w \varphi_w u_{wi})}{\partial x_i} = -\sum_k S_k \tag{4-11}$$

$$\frac{\partial(\rho_w \varphi_w u_i)}{\partial t} + \frac{\partial(\rho_w \varphi_w u_{wi} u_{wj})}{\partial x_j} = \rho_w g_i - \frac{\partial}{\partial x_i}(\varphi_w p_w) +$$

$$\frac{\partial}{\partial x_j}\left[\mu_w \left(\frac{\partial u_{wi}}{\partial x_j} + \frac{\partial u_{wj}}{\partial x_i} \right) \right] - \sum_k F_{fk,i} - \sum_k F_{Ck,i} \tag{4-12}$$

第 k 相泥沙:

$$\frac{\partial(\rho_{pk}\varphi_k)}{\partial t} + \frac{\partial(\rho_{pk}\varphi_k u_{ki})}{\partial x_i} = S_k \tag{4-13}$$

$$\frac{\partial(\rho_{pk}\varphi_k u_{ki})}{\partial t} + \frac{\partial(\rho_{pk}\varphi_k u_{ki} u_{kj})}{\partial x_j} = (\rho_{pk} - \rho_w)\varphi_k g_i - \frac{\partial}{\partial x_i}(\varphi_k p_k) +$$

$$\frac{\partial}{\partial x_j}\left[\mu_k \left(\frac{\partial u_{ki}}{\partial x_j} + \frac{\partial u_{kj}}{\partial x_i} \right) \right] + F_{fk,i} + F_{Ck,i} \tag{4-14}$$

式中: S_k 为由相变等产生的质量源项; $F_{fk,i} = F_{Dki} + F_{Mki}$ 为水流相与第 k 相泥沙之间的相互作用力; $F_{Ck,i}$ 为其他泥沙相与第 k 相泥沙之间的相互作用力。

4.2　三维水沙数学模型的基本方程

4.2.1　控制方程的简化

从水沙两相流的一般控制方程可以看出,水沙两相流的相间相互作用非常复杂,现有理论还不能满意地处理泥沙粒子之间以及水流和泥沙之间的相互作用。因此,现有水沙数学模型构建过程中会对水沙两相流的一般控制方程进行简化。

(1)假定挟沙水流中泥沙颗粒的浓度较低($\varphi_w \approx 1$),忽略水沙两相之间以及泥沙颗粒之间的相互影响。此外,考虑到水沙两相无相变产生,则水流相的控制方程可写为

$$\frac{\partial \rho_w}{\partial t} + \frac{\partial \rho_w u_{wi}}{\partial x_i} = 0 \tag{4-15}$$

$$\frac{\partial(\rho_w u_i)}{\partial t} + \frac{\partial(\rho_w u_{wi} u_{wj})}{\partial x_j} = \rho_w g_i - \frac{\partial p_w}{\partial x_i} + \mu_w \frac{\partial^2 u_{wi}}{\partial x_i^2} \tag{4-16}$$

(2)假定挟沙水流中的泥沙颗粒对水流脉动具有良好的跟随性,除沉降速度外,水沙两相之间没有相对运动,则泥沙相的控制方程可简化为

$$\frac{\partial(\rho_{pk}\varphi_k)}{\partial t} + \frac{\partial(\rho_{pk}\varphi_k u_{ki})}{\partial x_i} = \frac{\partial(\rho_{pk}\varphi_k u_{ki})}{\partial x_i}\omega_k\delta_{i3} \tag{4-17}$$

4.2.2 时均化处理

天然河道中的挟沙水流一般是复杂的非稳态三维紊流,就目前的计算机性能来说,直接对式(4-15)~式(4-17)进行求解还不现实。为此,可在式(4-15)~式(4-17)中引入雷诺时均假设:

$$\left.\begin{array}{l} u_{wi} = \overline{u}_{wi} + u'_{wi} \\ p_w = \overline{p}_w + p'_w \\ \varphi_k = \overline{\varphi}_k + \varphi'_k \end{array}\right\} \tag{4-18}$$

通过平均处理,得到三维挟沙水流的基本方程如下:

水流连续方程

$$\frac{\partial\rho_w}{\partial t} + \frac{\partial(\rho_w\overline{u}_{wi})}{\partial x_i} = 0 \tag{4-19}$$

水流运动方程

$$\frac{\partial(\rho_w\overline{u}_{wi})}{\partial t} + \frac{\partial(\rho_w\overline{u}_{wi}\overline{u}_{wj})}{\partial x_j} = \rho_w g_i - \frac{\partial\overline{p}_w}{\partial x_i} + \mu_w\frac{\partial^2\overline{u}_{wi}}{\partial x_j^2} - \frac{\partial}{\partial x_j}(\rho_w\overline{u'_{wi}u'_{wj}}) \tag{4-20}$$

第 k 相泥沙扩散方程

$$\frac{\partial(\rho_{pk}\overline{\varphi}_k)}{\partial t} + \frac{\partial(\rho_{pk}\overline{\varphi}_k\overline{u}_{wi})}{\partial x_i} = -\frac{\partial}{\partial x_i}(\rho_{pk}\overline{\varphi'_k u'_{wi}}) + \frac{\partial(\rho_{pk}\overline{\varphi}_k)}{\partial x_i}\omega_k\delta_{i3} \tag{4-21}$$

雷诺应力方程

$$\frac{\partial\overline{u'_{wi}u'_{wj}}}{\partial t} + \overline{u}_{wl}\frac{\partial\overline{u'_{wi}u'_{wj}}}{\partial x_l} = -\left(\overline{u'_{wj}u'_{wl}}\frac{\partial\overline{u}_{wi}}{\partial x_l} + \overline{u'_{wi}u'_{wl}}\frac{\partial\overline{u}_{wj}}{\partial x_l}\right) + \nu_w\frac{\partial^2\overline{u'_{wi}u'_{wj}}}{\partial x_l\partial x_l} -$$

$$\frac{\partial}{\partial x_l}\left[\overline{u'_{wi}u'_{wj}u'_{wl}} + \frac{\overline{p'_w}}{\rho_w}(u'_{wj}\delta_{il} + u'_{wi}\delta_{jl})\right] + \overline{\frac{p'_w}{\rho_w}\left(\frac{\partial u'_{wi}}{\partial x_j} + \frac{\partial u'_{wj}}{\partial x_i}\right)} -$$

$$2\nu_w\overline{\frac{\partial u'_{wi}}{\partial x_l}\frac{\partial u'_{wj}}{\partial x_l}} \tag{4-22}$$

4.2.3 控制方程的封闭

三维挟沙水流的雷诺时均方程可采用雷诺应力模式、代数应力模式、$k-\varepsilon$ 两方程模式等进行封闭。经综合考虑多种因素,本章采用 $k-\varepsilon$ 模式的湍流模型,在控制方程中引入 Boussinesq 假设:

$$\left.\begin{array}{l} -\overline{u'_{wi}u'_{wj}} = \frac{2}{3}k_w\delta_{ij} + \nu_T\left(\frac{\partial\overline{u}_{wi}}{\partial x_j} + \frac{\partial\overline{u}_{wj}}{\partial x_i}\right) \\ \\ -\overline{\varphi'_k u'_{wi}} = \frac{\nu_T}{S_{cT}}\frac{\partial\overline{\varphi}_k}{\partial x_i} \\ \\ \nu_T = C_\mu\frac{k_w^2}{\varepsilon_w} \end{array}\right\} \tag{4-23}$$

式中：ν_T 为水流紊动扩散系数；S_{cT} 为反映泥沙紊动扩散与水流紊动扩散差异的一个常数。

定义挟沙水流的湍动能 $k_w = \dfrac{1}{2}\overline{u'_{wi}u'_{wi}}$，湍动能耗散率 $\varepsilon_w = \nu_w\overline{\dfrac{\partial u'_{wi}}{\partial x_j}\dfrac{\partial u'_{wj}}{\partial x_i}}$，则其控制方程可以表示为如下形式：

$$\frac{\partial k_w}{\partial t} + \bar{u}_{wj}\frac{\partial k_w}{\partial x_j} = \frac{\partial}{\partial x_j}\Big[\Big(\nu_w + \frac{\nu_T}{\sigma_k}\Big)\frac{\partial k_w}{\partial x_j}\Big] + P_{wk} - \varepsilon_w \tag{4-24}$$

$$\frac{\partial \varepsilon_w}{\partial t} + \bar{u}_{wj}\frac{\partial \varepsilon_w}{\partial x_j} = \frac{\partial}{\partial x_j}\Big[\Big(\nu_w + \frac{\nu_T}{\sigma_\varepsilon}\Big)\frac{\partial \varepsilon_w}{\partial x_j}\Big] + C_{\varepsilon 1}\frac{\varepsilon_w}{k_w}P_{wk} - C_{\varepsilon 2}\frac{\varepsilon_\varepsilon^2}{k_w} \tag{4-25}$$

式中：P_{wk} 为湍动能产生率，其计算式如下：

$$P_{wk} = \nu_T\Big(\frac{\partial \bar{u}_{wi}}{\partial x_j} + \frac{\partial \bar{u}_{wj}}{\partial x_i}\Big)\frac{\partial \bar{u}_{wi}}{\partial x_j} \tag{4-26}$$

由式（4-19）~式（4-21）和式（4-24）、式（4-25）即可形成三维水沙数学模型的基本方程。

水流连续方程：

$$\frac{\partial \rho_w}{\partial t} + \frac{\partial(\rho_w \bar{u}_{wi})}{\partial x_i} = 0$$

水流运动方程：

$$\frac{\partial(\rho_w \bar{u}_{wi})}{\partial t} + \frac{\partial(\rho_w \bar{u}_{wi}\bar{u}_{wj})}{\partial x_j} = \rho_w g_i - \frac{\partial \bar{p}_w}{\partial x_i} + (\nu_w + \nu_T)\frac{\partial^2 \bar{u}_{wi}}{\partial x_j^2}$$

第 k 相泥沙扩散方程：

$$\frac{\partial(\rho_{pk}\overline{\varphi}_k)}{\partial t} + \frac{\partial(\rho_{pk}\overline{\varphi}_k\bar{u}_{wi})}{\partial x_i} = \frac{\nu_T}{S_{cT}}\frac{\partial^2(\rho_{pk}\overline{\varphi}_k)}{\partial x_i^2} + \frac{\partial(\rho_{pk}\overline{\varphi}_k)}{\partial x_i}\omega_k\delta_{i3}$$

湍动能 k 方程：

$$\frac{\partial k_w}{\partial t} + \bar{u}_{wj}\frac{\partial k_w}{\partial x_j} = \frac{\partial}{\partial x_j}\Big[\Big(\nu_w + \frac{\nu_T}{\sigma_k}\Big)\frac{\partial k_w}{\partial x_j}\Big] + P_{wk} - \varepsilon_w$$

湍动能耗散率 ε 方程：

$$\frac{\partial \varepsilon_w}{\partial t} + \bar{u}_{wj}\frac{\partial \varepsilon_w}{\partial x_j} = \frac{\partial}{\partial x_j}\Big[\Big(\nu_w + \frac{\nu_T}{\sigma_\varepsilon}\Big)\frac{\partial \varepsilon_w}{\partial x_j}\Big] + C_{\varepsilon 1}\frac{\varepsilon_w}{k_w}P_{wk} - C_{\varepsilon 2}\frac{\varepsilon_\varepsilon^2}{k_w}$$

4.3　平面二维水沙数学模型的基本方程

在河道水流中，水平尺度一般远大于垂向尺度，流速等水力参数沿垂直方向的变化较沿水平方向的变化要小得多，此时可将三维水沙数学模型的基本方程沿水深积分，得到水深平均二维模型的基本方程。本章采用文献[1]中的方法得到水深平均二维模型的基本方程。

4.3.1　假设与简化

为不失一般性，以挟沙水流上边界为存在风应力的自由面，河底为存在阻力的可动边

界来讨论,数学模型的简化条件与假设如下:

(1)浅水近似,在浅水中,其垂向流速甚小,认为压强近似符合静水压强分布。

(2)长波假定。

自由面方程:
$$x_3\big|_s = \eta(x_1,x_2,t)$$

自由面法向:
$$\vec{n_s} = \frac{\left(-\dfrac{\partial\eta}{\partial x_1},\dfrac{\partial\eta}{\partial x_2},1\right)}{\sqrt{1+\left(\dfrac{\partial\eta}{\partial x_1}\right)^2+\left(\dfrac{\partial\eta}{\partial x_2}\right)^2}} = \left(-\frac{\partial\eta}{\partial x_1},\frac{\partial\eta}{\partial x_2},1\right)$$

自由面坡度:
$$\frac{\partial\eta}{\partial x_1} \ll 1 \qquad \frac{\partial\eta}{\partial x_2} \ll 1 \tag{4-27}$$

此外,为便于表述,以下讨论中去掉 4.2.2 中水沙运动特征量上的时间平均符号。

(3)垂向平均化处理。

在垂向平均过程中,采用如下变量和公式:

挟沙水流总体深度
$$H = h + \eta \tag{4-28}$$

水深平均流速
$$\overline{u}_{wi} = \frac{1}{H}\int_{-h}^{\eta} u_{wi}\,\mathrm{d}x_3$$

水深平均体积含沙浓度
$$\overline{\varphi}_k = \frac{1}{H}\int_{-h}^{\eta} \varphi_k\,\mathrm{d}x_3 \tag{4-29}$$

采用 Leibnitz 公式进行变换:
$$\frac{\partial}{\partial x_k}\int_{-h}^{\eta} f(x_1,x_2,x_3)\,\mathrm{d}x_3 = \int_{-h}^{\eta}\frac{\partial f}{\partial x_k}\mathrm{d}x_3 + f\big|_{\eta}\frac{\partial\eta}{\partial x_k} - f\big|_{-h}\frac{\partial(-h)}{\partial x_k}$$
$$\frac{\partial}{\partial t}\int_{-h}^{\eta} f(x_1,x_2,x_3)\,\mathrm{d}x_3 = \int_{-h}^{\eta}\frac{\partial f}{\partial t}\mathrm{d}x_3 + f\big|_{\eta}\frac{\partial\eta}{\partial t} - f\big|_{-h}\frac{\partial(-h)}{\partial t} \tag{4-30}$$

(4)自由水面与底部运动学边界条件。
$$u_{w3}\big|_{\eta} = \frac{\partial\eta}{\partial t} + (u_{wi})_{\eta}\frac{\partial\eta}{\partial x_i} \qquad (i=1,2)$$
$$u_{w3}\big|_{-h} = \frac{\partial(-h)}{\partial t} + (u_{wi})_{-h}\frac{\partial(-h)}{\partial x_i} \qquad (i=1,2) \tag{4-31}$$

(5)自由水面与底部切应力边界条件的理论或经验公式。

自由面上切应力与切应变关系:
$$\tau_{wi}^S = \left[\tau_{wi3}^S\big|_{\eta} - \tau_{wi1}^S\big|_{\eta}\frac{\partial\eta}{\partial x_1} - \tau_{wi2}^S\big|_{\eta}\frac{\partial\eta}{\partial x_2}\right] - \rho_f\overline{u'_{wi}u'_{w3}}\big|_{\eta} =$$
$$-\rho_w\overline{u'_{wi}u'_{w3}}\big|_{\eta} - \left[\mu_w\left(\frac{\partial u_{wi}}{\partial x_j}+\frac{\partial u_{wj}}{\partial x_i}\right)\right]_{\eta}\frac{\partial\eta}{\partial x_j} + \left[\mu_w\left(\frac{\partial u_{wi}}{\partial x_3}+\frac{\partial u_{w3}}{\partial x_i}\right)\right] \tag{4-32}$$

而
$$\tau_{wi}^S = C_w\rho_a|w_a|w_a\cos\theta_i$$

式中：C_w 为水面拖曳力系数；ρ_a 为空气密度；w_a 为水面以上 10 m 处风速。

底部切应力与切应变关系

$$\left.\begin{aligned}
\tau_{wi}^b &= \left[-\tau_{wi3}^b\mid_{-h} + \tau_{wi1}^b\mid_{-h}\frac{\partial h}{\partial x_1} + \tau_{wi2}^b\mid_{-h}\frac{\partial h}{\partial x_2}\right] + \rho_w\overline{u'_{wi}u'_{w3}}\mid_{-h} \\
&= \rho_w\overline{u'_{wi}u'_{w3}}\mid_{-h} - \left[\mu_w\left(\frac{\partial u_{wi}}{\partial x_j} + \frac{\partial u_{wj}}{\partial x_i}\right)\right]_{-h}\frac{\partial h}{\partial x_j} - \left[\mu_w\left(\frac{\partial u_{wi}}{\partial x_3} + \frac{\partial u_{w3}}{\partial x_i}\right)\right]_{-h} \\
\tau_{wi}^b &= \frac{g}{C^2}\rho_w u_{wi}\sqrt{u_{w1}^2 + u_{w2}^2}
\end{aligned}\right\} \tag{4-33}$$

$$C = \frac{1}{n}H^{1/6} \quad (C\text{ 为谢才系数},n\text{ 为糙率系数})$$

（6）湍流应力模拟条件。

$$\left.\begin{aligned}
\int_{-h}^{\eta}\left[\frac{\partial}{\partial x_j}\left(-\rho_w\overline{u'_{wi}u'_{wj}} - \rho_w\overline{u''_{wi}u''_{wj}}\right)\right]dx_3 &= \frac{\partial}{\partial x_j}\left[\rho_w H\nu_T\left(\frac{\partial u_{wi}}{\partial x_j} + \frac{\partial u_{wj}}{\partial x_i}\right)\right] - \\
\int_{-h}^{\eta}\left[\frac{\partial}{\partial x_i}\left(\overline{\varphi'_k u'_{wi}}\right) + \frac{\partial}{\partial x_i}\left(\overline{\varphi''_k u''_{wi}}\right)\right]dx_3 &= \frac{\partial}{\partial x_i}\left(H\nu_{TS}\frac{\partial\overline{\varphi_k}}{\partial x_i}\right)
\end{aligned}\right\} \tag{4-34}$$

其中，ν_T 与 ν_{TS} 分别为水流与泥沙的紊动黏性系数，可取 $\nu_T = \beta H u_*$，$\beta\approx 0.2$，摩阻流速 $u_* = \sqrt{c_f(u_{wb}^2 + v_{wb}^2)}$，$c_f = 0.003$。

（7）压力梯度沿垂向积分条件。

$$-\frac{\partial(Hp_w)}{\partial x_i} + p_w\mid_{\eta}\frac{\partial\eta}{\partial x_i} + p_w\mid_{-h}\frac{\partial\eta}{\partial x_i} = -\rho_w gH\frac{\partial\eta}{\partial x_i} \quad (i = 1,2) \tag{4-35}$$

4.3.2　控制方程的水深平均化处理

将三维挟沙水流数学模型的基本方程沿水深积分即可得到平面二维水沙数学模型的基本方程，在以下表述中 $i = 1,2$。

4.3.2.1　水流运动连续方程

对式（4-19）沿垂向积分，得到

$$\int_{-h}^{\eta}\left[\frac{\partial\rho_w}{\partial t} + \frac{\partial(\rho_w\overline{u}_{wi})}{\partial x_i}\right]dx_3 + \rho_w u_{w3}\mid_{-h}^{\eta} = 0 \tag{4-36}$$

引入自由面与底部运动学控制条件式（4-35），得到水流运动连续方程的水深平均形式为

$$\frac{\partial}{\partial t}(\rho_w H) + \frac{\partial(\rho_w H\overline{u}_{wi})}{\partial x_i} = 0 \tag{4-37}$$

4.3.2.2　水流运动方程

对三维挟沙水流的时均运动方程式（4-20）沿垂向积分，利用莱布尼茨公式展开，并引入水面运动学条件、自由水面与底部切应力边界条件、湍流应力模拟条件和压力梯度沿垂向积分关系后，可得：

$$\frac{\partial(H\overline{u}_{wi})}{\partial t} + \frac{\partial(H\overline{u}_{wi}\overline{u}_{wj})}{\partial x_j} = -gH\frac{\partial\eta}{\partial x_i} + \frac{\partial}{\partial x_j}\left[(\nu_w + \nu_T)H\left(\frac{\partial\overline{u}_{wi}}{\partial x_j} + \frac{\partial\overline{u}_{wj}}{\partial x_i}\right)\right] +$$

$$\frac{\tau_{wi}^{S} - \tau_{wi}^{b}}{\rho_w} \qquad (4\text{-}38)$$

4.3.2.3　泥沙扩散方程

对式(4-21)沿垂向积分,按照文献[1]中的方法进行变换:

$$\int_{-h}^{\eta} \Big[\frac{\partial \varphi_k}{\partial t} + \frac{\partial (\varphi_k u_{wi})}{\partial x_i} \Big] \mathrm{d}x_3 + [\varphi_k u_{w3}]_{-h}^{\eta} = -\int_{-h}^{\eta} \frac{\partial}{\partial x_i} [\overline{\varphi_k' u_{wi}'}] \mathrm{d}x_3 -$$
$$[\overline{\varphi_k' u_{w3}'}]_{-h}^{\eta} + [\omega_k \varphi_k]_{-h}^{\eta} \qquad (4\text{-}39)$$

根据莱布尼兹公式将式(4-43)各项展开,可得

$$\frac{\partial (\overline{\varphi}_k H)}{\partial t} - \varphi_k \big|_{\eta} \frac{\partial \eta}{\partial t} + \varphi_k \big|_{-h} \frac{\partial (-h)}{.\partial t} + [\varphi_k u_{w3}]_{-h}^{\eta} - [\omega_k \varphi_k]_{-h}^{\eta} + \frac{\partial (H \overline{\varphi}_k \overline{u}_i)}{\partial x_i} -$$
$$\varphi_k u_{wi} \big|_{\eta} \frac{\partial \eta}{\partial x_i} + \varphi_k u_{wi} \big|_{-h} \frac{\partial (-h)}{\partial x_i} + \int_{-h}^{\eta} \frac{\partial (\overline{\varphi_k'' u_{wi}''})}{\partial x_i} \mathrm{d}x_3 = -\int_{-h}^{\eta} \frac{\partial}{\partial x_i} [\overline{\varphi_k' u_{wi}'}] \mathrm{d}x_3 -$$
$$[\overline{\varphi_k' u_{w3}'}]_{-h}^{\eta} \qquad (4\text{-}40)$$

由于在水面上无泥沙交换,故有

$$(\omega_k \varphi_k - \overline{\varphi_k' u_{w3}'}) \big|_{\eta} = 0 \qquad (4\text{-}41)$$

而在底部则存在泥沙交换,设交换通量为 q_D,则有

$$-(\omega_k \varphi_k - \overline{\varphi_k' u_{w3}'}) \big|_{-h} = q_D \qquad (4\text{-}42)$$

当 $q_D = 0$ 时,河床处于冲淤平衡状态,设此时的底沙浓度为 φ_{k*},床面附近的泥沙通量可以表示为

$$q_D = -\omega_k (\varphi_{kb} - \varphi_{k*}) \qquad (4\text{-}43)$$

再定义恢复饱和系数 α,使得

$$\phi \varphi_{kb} = \alpha \overline{\varphi}_k \qquad (4\text{-}44)$$

$$\phi \varphi_{k*} = \alpha \overrightarrow{\varphi}_{k*} \qquad (4\text{-}45)$$

则有

$$q_D = -\alpha \omega_k (\overline{\varphi}_k - \overline{\varphi}_{k*}) \qquad (4\text{-}46)$$

引入自由面与底部运动学控制条件式(4-31)与紊动扩散与剪切弥散项的模拟关系式(4-34),最后得到泥沙扩散方程的水深平均形式为

$$\frac{\partial (H \overline{\varphi}_k)}{\partial t} + \frac{\partial (H \overline{\varphi}_k \overline{u}_{wi})}{\partial x_i} = \frac{\partial}{\partial x_i} \Big(H \nu_{TS} \frac{\partial \overline{\varphi}_k}{\partial x_i} \Big) - \alpha \omega_k (\overline{\varphi}_k - \overline{\varphi}_{k*}) \qquad (4\text{-}47)$$

式中: $\overline{\varphi}_{k*}$ 为冲淤平衡时挟沙水流的水深平均体积含沙量。

4.3.2.4　河床变形方程

由悬移质泥沙输移所引起的河床变形可以表示为

$$\rho' \frac{\partial z_{bk}}{\partial t} = \alpha \rho_{pk} \omega_k (\overline{\varphi}_k - \overline{\varphi}_{k*}) \qquad (4\text{-}48)$$

由式(4-37)、式(4-38)和式(4-47)、式(4-48)即可形成水深平均二维模型的基本方程。

4.4　一维水沙数学模型的基本方程

对于长河段水沙运动及河床冲淤变形计算,水流及泥沙的横向运动与纵向运动相比可以近似忽略,为了简化计算,可以假定水流和泥沙运动要素(流速、含沙量等)在全断面上均匀分布,建立一维水沙数学模型的控制方程。

4.4.1　一维非恒定流模型的基本方程

4.4.1.1　水流运动控制方程

一维非恒定水流运动模型的控制方程如下:

水流连续方程

$$B\frac{\partial z}{\partial t} + \frac{\partial Q}{\partial x} = q_l \tag{4-49}$$

水流运动方程

$$\frac{\partial Q}{\partial t} + 2\frac{Q}{A}\frac{\partial Q}{\partial x} - \frac{BQ^2}{A^2}\frac{\partial z}{\partial x} - \left.\frac{Q^2}{A^2}\frac{\partial A}{\partial x}\right|_z = -gA\frac{\partial z}{\partial x} - \frac{gn^2 \mid Q \mid Q}{A(A/B)^{4/3}} \tag{4-50}$$

式中:x 为沿流向的坐标;t 为时间;Q 为流量;z 为水位;A 为过水断面面积;B 为河宽;q_l 为单位时间单位河长汇入(流出)的流量;n 为糙率;g 为重力加速度。

4.4.1.2　泥沙输移方程

1)悬移质不平衡输沙方程

将悬移质泥沙分为 M 组,以 S_k 表示第 k 组泥沙的含沙量,可得悬移质泥沙的不平衡输沙方程为

$$\frac{\partial(AS_k)}{\partial t} + \frac{\partial(QS_k)}{\partial x} = -\alpha\omega_k B(S_k - S_{*k}) + q_{ls} \tag{4-51}$$

式中:α 为恢复饱和系数;ω_k 为第 k 组泥沙颗粒的沉速;S_{*k} 为第 k 组泥沙挟沙力;q_{ls} 为单位时间单位河长汇入(流出)的沙量。

2)推移质单宽输沙率方程

将以推移质运动为主的泥沙归为一组,采用平衡输沙法计算推移质输沙率:

$$q_b = q_{b*} \tag{4-52}$$

式中:q_b 为单宽推移质输沙率;q_{b*} 为单宽推移质输沙能力,可由已有的经验公式计算。

4.4.1.3　河床变形方程

河床变形方程的形式如下:

$$\gamma'\frac{\partial A}{\partial t} = \sum_{k=1}^{M}\alpha\omega_k B(S_k - S_{*k}) - \frac{\partial Bq_b}{\partial x} \tag{4-53}$$

式中:γ' 为泥沙干容重。

4.4.2　一维恒定流模型的基本方程

对一维非恒定流模型,引入如下假定:

（1）将非恒定流概化为梯级恒定流，这种做法在洪峰比较平缓的条件下是允许的。具体做法是，将进口断面的实际流量过程线概化成由若干不同流量级组成的梯级过程线进行计算，对于每个梯级来说，流量为常数，水流可视为恒定流，即取 $\dfrac{\partial h}{\partial t} = 0, \dfrac{\partial U}{\partial t} = 0$。

（2）假定河床发生冲淤，在每一个短时段内河床变形对水流条件影响不大，这样就可以采用非耦合解法进行计算。具体做法是，限制时间步长，控制冲淤量不至于太大。

（3）不考虑河段内水体中悬沙的槽蓄量因时而变，即取 $\dfrac{\partial As}{\partial t} = 0$。

对于概化后每个时段来说，流量为常数，水流可视为恒定流。按照这一假设，可得一维恒定非饱和输沙模型的控制方程如下。

（1）水流运动控制方程。

水流连续方程：

$$\frac{\partial Q}{\partial x} = q_l \tag{4-54}$$

水流运动方程：

$$\frac{\partial}{\partial x}\left(\frac{Q^2}{A}\right) + gA\frac{\partial z}{\partial x} + gAJ_f = 0 \tag{4-55}$$

式中：x 为沿流向的坐标；Q 为流量；z 为水位；A 为过水断面面积；q_l 为单位时间单位河长汇入（流出）的流量；g 为重力加速度。

（2）泥沙输移方程。

①悬移质不平衡输沙方程。

将悬移质泥沙分为 M 组，以 S_k 表示第 k 组泥沙的含沙量，可得悬移质泥沙的不平衡输沙方程为

$$\frac{\partial(AS_k)}{\partial t} + \frac{\partial(QS_k)}{\partial x} = -\alpha\omega_k B(S_k - S_{*k}) \tag{4-56}$$

式中：α 为恢复饱和系数；ω_k 为第 k 组泥沙颗粒的沉速；S_{*k} 为第 k 组泥沙挟沙力。

②推移质单宽输沙率方程。

将以推移质运动为主的泥沙归为一组，采用平衡输沙法计算推移质输沙率：

$$q_b = q_{b*}$$

式中：q_b 为单宽推移质输沙率；q_{b*} 为单宽推移质输沙能力，可由已有的经验公式计算。

（3）河床变形方程。

河床变形方程的形式如下：

$$\gamma'\frac{\partial A}{\partial t} = \sum_{k=1}^{M}\alpha\omega_k B(S_k - S_{*k}) - \frac{\partial Bq_b}{\partial x}$$

式中：γ' 为泥沙干容重。

参 考 文 献

［1］赵世来.基于两相流理论的低浓度挟沙水流运动数值模拟［D］.武汉：武汉大学，2007.

［2］梁在潮,刘士和,张红武.多相流与紊流相干结构［M］.武汉：华中理工大学出版社，1994.

第 5 章　网格剖分及地形处理技术

在进行复杂河道数值模拟时,网格的形式和布置将直接影响计算精度,因此研究复杂河道的网格剖分技术对提高模拟精度具有重要的意义。

5.1　网格分类

数值模拟中所采用的计算网格按其拓扑结构可分为结构网格和非结构网格。结构网格的网格单元之间具有规则的拓扑结构,相互联接关系较为明确,根据某一网格编号很容易确定其相邻单元的编号。非结构网格的网格单元之间没有规则的拓扑结构,网格布置较为灵活,仅根据某一网格编号无法确定其相邻单元的编号。此外,按照网格单元的形状还可将计算网格分为三角形网格、四边形网格和混合网格。本书不讨论基于无网格法的流动模拟问题。

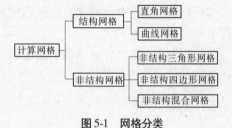

图 5-1 给出了数值模拟常用的计算网格分类,其中:结构网格包括直角网格(也称笛卡儿网格)和曲线网格(包括正交曲线网格和非正交曲线网格),此类网格的单元形状一般是单一的四边形;非结构网格包括非结构三角形网格、非结构四边形网格和非结构混合网格。不同网格的示意图见图 5-2。

图 5-1　网格分类

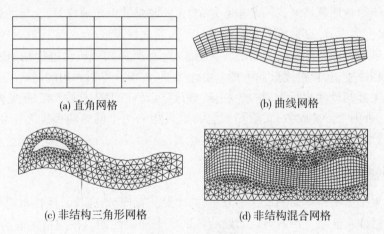

(a) 直角网格　　　　　　　　　(b) 曲线网格

(c) 非结构三角形网格　　　　　(d) 非结构混合网格

图 5-2　网格示意

5.2　数值模拟对网格的要求

网格是数值模拟的载体,其形式、布局及存储格式对计算精度和计算效率具有很大的影响。数值模拟对计算网格的要求一般表现在如下几个方面。

5.2.1 网格正交性

网格正交性是指两个相邻网格单元控制体中心连线与其界面之间的垂直关系,如图 5-3 所示,若控制体中心连线 *PE* 垂直于界面 *AB*,则网格正交。网格正交性对计算精度具有一定的影响,非正交的计算网格可能会引入如下计算误差:

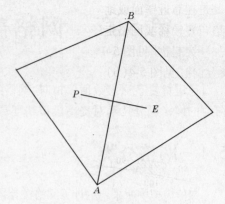

图 5-3   不规则网格正交性示意

(1)沿控制体界面的扩散项可分为垂直于界面的正交扩散项和垂直于控制体中心连线的交叉扩散项,对于非正交网格需计算交叉扩散项,但目前尚无法准确计算这一项[1-2]。

(2)在计算过程中常需要将变量由控制体中心插值到界面,如果网格非正交,则插值过程中必将引入计算误差。

(3)如采用正交曲线坐标系下的控制方程,网格非正交也必将引入计算误差。因此,在条件许可的情况下尽量采用正交网格,不宜采用过分扭曲的网格。

5.2.2 网格尺度

网格尺度是指网格单元的大小,网格尺度对数值模拟的精度及计算工作量具有重要影响。从计算精度来看,控制方程的离散格式一经确定,网格的尺度及其分布特性就成为决定计算精度的关键因素。直观来看,网格尺度越小,计算误差也越小,而实际上并非如此。这是由于影响计算精度的因素非常复杂,尤其是对非恒定流计算,大量的计算实践表明:若网格尺度太大,计算精度肯定会较低;反之,若网格尺度过小,除计算量较大外,内部网格上的变量对边界条件变化的反应较为迟缓,计算所得数值流动过程和物理流动过程会存在较大相位差,计算精度反而不高。由此可见,数模计算所采用的网格尺度应与计算区域和拟建工程的尺度相匹配,并非越小越好,且尽量使网格过渡平顺,避免大网格直接连接小网格,否则会影响收敛,文献[3]认为,如果相邻两个网格的尺度之比在 1.5 ~ 2.0 之内不会对计算误差产生重大影响。

5.2.3 网格布置

网格布置是指网格单元的形状与分布,如单元长宽比、走向等。网格布置对数值模拟的影响较大且非常复杂。目前对该问题的认识多是经验性的。在网格生成的过程中,一般应注意以下几点:

(1)对于规则的区域采用规则网格(如直角网格)的计算精度要高于采用非规则网格(如三角形网格)的;

(2)在流动区域内垂直于流动方向上至少有十个以上的计算网格,否则将造成计算流场失真;

(3)网格走向应尽可能与流动方向一致,以减小数值扩散或地形插值带来的误差,尤其是在靠近壁面或地形变化比较剧烈的区域,如天然河道的滩槽交界处(见图5-4),在网格布置较稀或网格走向与水流方向夹角过大的情况下,地形插值后相当于将在河岸处附加一突起物[见图5-4(a)],此时可以通过调整局部网格走向或局部加密等方法对网格进行优化[见图5-4(b)],以尽可能减少计算误差。

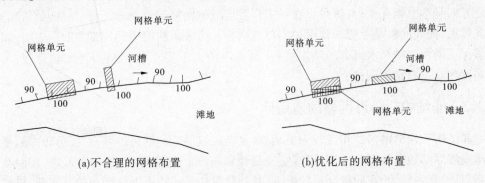

(a)不合理的网格布置   (b)优化后的网格布置

图5-4 网格布置示意

5.2.4 网格的存储格式

对于非结构网格,由于其网格单元之间没有规则的拓扑结构,存储网格信息时不仅需要存储网格节点的信息,还需要存储网格单元之间的连接关系。对于结构网格,由于其具有规则的拓扑结构,存储网格信息时一般只需要存储网格节点的信息,不需要存储网格单元之间的连接关系。考虑到在数值模拟过程中,往往需要根据计算工作的需要选择不同的计算网格。因此,可以考虑将不同的计算网格按照统一的格式进行存储,并编制一套通用的流场计算程序,使其可直接基于所有的计算网格进行求解,这样不但可提高计算程序对复杂区域的适应能力,也能减少程序编制的工作量。

从拓扑结构来看,结构网格可以看做是非结构网格的特例,因此可以将结构网格按照非结构网格的存储格式进行存储,即存储时既记录节点的坐标,同时记录其连接关系,可采用如下格式存储网格信息:

$$ 节点 \begin{cases} 坐标\ X \\ 坐标\ Y \end{cases} \qquad 单元 \begin{cases} 顶点\ 1 \\ 顶点\ 2 \\ 顶点\ 3 \end{cases} $$

5.3 网格适用性分析

不同的网格具有不同的优缺点,对计算区域的适应能力也有差别。网格适用性分析就是对不同网格的适用性进行评价,以便为数值模拟时选择网格提供参考。评价网格的适用性应该从数值模拟对计算网格的需求出发,从网格布置、计算精度、计算工作量、网格生成与后处理工作的难易程度等多方面综合评价。

5.3.1　结构网格的适用性

目前,结构网格中的曲线网格是河流模拟中应用较为广泛的一种网格。河流数值模拟中的(非)正交曲线网格一般是由求解 Poisson 方程生成的,该过程与求解流动区域内的等势线和流线相似,由其所得的网格可以看成是由等势线和流线形成,因此网格走向与水流方向基本上相互平行,这可以在一定程度上减少网格与流向非正交引起的数值耗散。由此可见,曲线网格是工程湍流模拟的首选网格。诸多天然河道的计算实践也表明:如果能够保证网格走向与水流方向基本平行,最小内角大于 88°,且网格布置比较合理,其计算精度将高于非结构网格[4]。

5.3.2　非结构三角形网格的适用性

非结构三角形网格的布置较为灵活,对复杂区域的适应能力较强,对汊道较多的复杂河道或需局部加密的计算区域,可有效提高计算精度。但是,其生成较为困难,数据结构复杂,且计算量较大,在同样网格尺度下,其计算量约是四边形网格的两倍。因此,进行流动模拟时,若生成布局合理的结构网格确实有困难时,才应考虑使用非结构三角形网格。例如:对如图 5-5 所示的复杂区域,河道内汊道众多,水流漫滩后的流向变化非常复杂,若采用曲线网格很难生成满足计算要求的网格,此时可考虑采用非结构三角形网格对计算区域进行剖分。

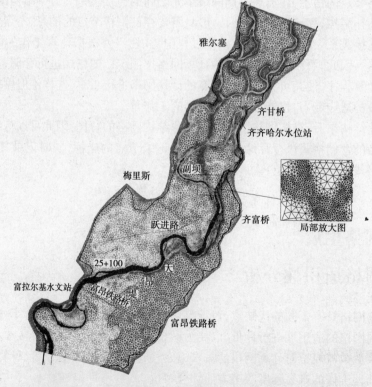

图 5-5　适应于复杂河道的非结构三角形网格

5.3.3　非结构四边形网格的适用性

非结构四边形网格与非结构三角形网格相比,在网格尺度基本相同的情况下,网格数目较少,计算速度快,计算精度高,能适应复杂边界。但是,其生成较为困难,目前一般采用三角合成法生成非结构四边形网格,即先生成非结构三角形网格,再将三角形合成生成非结构四边形网格。

5.3.4　非结构混合网格的适用性

在对工程湍流运动进行数值模拟的过程中,如果流动边界发生变化,其计算区域也需要作相应调整。例如:对于主河道较窄而滩地较宽的平原河道(或是串流区),水流漫滩前、后计算区域会发生明显的变化。如采用传统的(非)正交曲线网格,则网格走向难以与水流方向保持一致,且河槽内的网格数目较少[见图5-6(a)],进行水流漫滩前的流动模拟时计算误差较大;如采用非结构三角形网格,虽然其网格布置较为灵活且便于进行局部加密,但其计算工作量往往较大,在同样网格尺度下,其网格数量约是四边形网格的两倍。在进行此类河道的网格剖分时,也可考虑采用混合网格,即沿主槽布置贴体四边形网格,以使网格顺应水流方向及减少网格数量;在滩地则布置非结构三角形网格,以使网格能够适应复杂的几何边界[见图5-6(b)]。

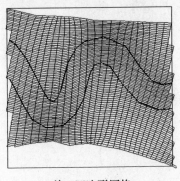 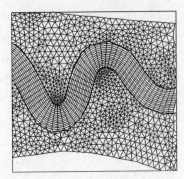

(a) 单一四边形网格　　　　　　　　　　(b) 三角形、四边形混合网格

图5-6　复式河道的网格剖分示意

5.4　网格生成方法

考虑到在水利水电工程领域对工程湍流进行模拟时三维计算网格一般都是以平面上的二维网格为基础,在垂向上布置直角网格或 σ 坐标网格构成,因此下面主要讨论二维网格的生成方法。

5.4.1　结构网格的生成方法

5.4.1.1　直角网格的生成方法

直角网格是计算流体力学领域使用最早,也是最易生成的网格。该网格的主要生成方法就是根据计算区域的大小,划分包含计算区域的直角网格,与计算区域边界相交的网格按照流动边界条件处理,落在计算区域内的网格直接参与数值计算,落在计算区域外的网格不参与计算。这种方法虽然简单,但是在边界处容易出现"齿状"边界,因而不易准确处理边界条件。为克服直角网格的缺点,自 20 世纪 90 年代以来,又发展了自适应直角网格,它通过局部加密及边界上的一些特殊处理来适应不规则边界。考虑到目前直角网格在水利水电工程领域的流动计算中应用不多,因此不再做详细介绍,有兴趣的读者可参考相关计算流体力学专著[5]。

5.4.1.2　曲线网格的生成方法

生成曲线网格的方法有多种,如代数法、求解微分方程法等,其中用得较多的是求解椭圆形微分方程法。求解椭圆形微分方程法最早是由 Thompson、Thames 和 Martian 等在 1974 年提出的,也称为 TTM 方法,其基本思想就是将物理平面(x,y)上的不规则区域变换到计算平面(ξ,η)上的规则区域,并通过求解 x, y 平面中一对拉普拉斯(Laplace)方程在物理平面和计算平面上生成一一对应的网格[5-7]。文献[5]给出了拉普拉斯变换的控制方程:

$$\left.\begin{array}{l} \xi_{xx} + \xi_{yy} = 0 \\ \eta_{xx} + \eta_{yy} = 0 \end{array}\right\} \tag{5-1}$$

式(5-1)的边界条件为

$$\left.\begin{array}{l} \xi = \xi_1(x,y), \eta = \eta_1 \quad [x,y] \in \varGamma_1 \\ \xi = \xi_2(x,y), \eta = \eta_2 \quad [x,y] \in \varGamma_2 \end{array}\right\} \tag{5-2}$$

式中:$\varGamma_1$、$\varGamma_2$ 分别为计算区域的内边界和外边界;η_1、η_2 分别为两任意给定的常数;ξ_1、ξ_2 分别为沿 $\varGamma_1$ 和 $\varGamma_2$ 的任意选定的单调函数。

将式(5-1)转化为以(ξ,η)为自变量、以(x,y)为因变量的控制方程:

$$\left.\begin{array}{l} \alpha x_{\xi\xi} - 2\beta x_{\xi\eta} + \gamma x_{\eta\eta} = 0 \\ \alpha y_{\xi\xi} - 2\beta y_{\xi\eta} + \gamma y_{\eta\eta} = 0 \\ \alpha = x_\eta^2 + y_\eta^2, \beta = x_\xi x_\eta + y_\xi y_\eta, \gamma = x_\xi^2 + y_\xi^2 \end{array}\right\} \tag{5-3}$$

式(5-3)的边界条件为

$$\left.\begin{array}{l} x = f_1(\xi,\eta_1), y = f_2(\xi,\eta_1) \quad [\xi,\eta_1] \in \varGamma_1 \\ x = g_1(\xi,\eta_2), y = g_2(\xi,\eta_2) \quad [\xi,\eta_2] \in \varGamma_2 \end{array}\right\} \tag{5-4}$$

求解方程(5-3)即可生成物理平面上的曲线网格。采用该方法所生成的网格虽然能适应较为复杂的边界,且网格线光滑正交,但因只能通过调整边界上的 ξ、η 来控制物理域的网格疏密,较难实现内部点的控制。为此,可以在 Laplace 方程的右端置以 P、Q 源项,使之成为如下的 Poisson 方程:

$$\left.\begin{array}{l} \xi_{xx} + \xi_{yy} = P(x,y) \\ \eta_{xx} + \eta_{yy} = Q(x,y) \end{array}\right\} \quad (x,y) \in D \tag{5-5}$$

将式(5-5)转化为以(ξ,η)为自变量、以(x,y)为因变量的控制方程,有

$$\left.\begin{array}{l} \alpha x_{\xi\xi} - 2\beta x_{\xi\eta} + \gamma x_{\eta\eta} + J^2(Px_\xi + Qx_\eta) = 0 \\ \alpha y_{\xi\xi} - 2\beta y_{\xi\eta} + \gamma y_{\eta\eta} + J^2(Py_\xi + Qy_\eta) = 0 \end{array}\right\} \quad (x,y) \in D \tag{5-6}$$

式(5-6)中的 P、Q 是调节因子,其作用是调整实际物理平面上曲线网格的形状及疏密程度;$J = x_\xi y_\eta - x_\eta y_\xi$。式(5-6)的源项控制方法有多种,文献[5]曾对目前常用的方法进行了总结,认为目前源项的控制方法大致有两类,一类是根据正交性和网格间距的要求直接导出 P、Q 源项的表达式,如 TTM 方法;另一类是在迭代过程中根据源项的变化情况,采用"人工"控制实现所期望的网格,如 Hilgenstock 的方法。文献[7]建议 P、Q 的函数表达式为

$$
\left.
\begin{aligned}
P(\xi,\eta) &= -\sum_{i=1}^{n} a_i \operatorname{sign}(\xi - \xi_i) \exp(-c_i|\xi - \xi_i|) \\
&\quad - \sum_{j=1}^{m} b_j \operatorname{sign}(\eta - \eta_j) \exp\left[-d_j\sqrt{(\xi - \xi_j)^2 + (\eta - \eta_j)^2}\right] \\
Q(\xi,\eta) &= -\sum_{i=1}^{n} a_i \operatorname{sign}(\eta - \eta_i) \exp(-c_i|\eta - \eta_i|) \\
&\quad - \sum_{j=1}^{m} b_j \operatorname{sign}(\eta - \eta_j) \exp\left[-d_j\sqrt{(\xi - \xi_j)^2 + (\eta - \eta_j)^2}\right]
\end{aligned}
\right\} \tag{5-7}
$$

式中:m、n 分别为 ξ、η 方向上的网格数量;a_i、b_j 分别为控制物理平面上向 ξ、η 对应的曲线密集和向 (ξ,η) 对应的点密集度,取值 10 ~ 1 000;c_i、d_j 分别为控制网格线密集程度的渐次分布,称为衰减因子,取值 0 ~ 1。

一般需要通过多次试算才能确定 a_i、b_j、c_i、d_j。

5.4.2　非结构三角形网格的生成方法

生成非结构三角形网格的方法有规则划分法、三角细化法、修正四权树/八权树法、Delaunay 三角化法、阵面推进法,其中比较成熟的方法为 Delaunay 三角化法和阵面推进法。由于采用 Delaunay 三角化法生成网格具有速度快、网格质量好等优点,下面主要讨论如何利用 Delaunay 三角化算法生成非结构三角形网格。

5.4.2.1　Delaunay 三角化方法的原理

Delaunay 三角化方法的依据是 Dirichlet 在 1850 年提出的由已知点集将平面划分成凸多边形的理论,其基本思想就是:给定区域 Ω 及点集 $\{P_i\}$,则对每一点 P,都可以定义一个凸多边形 V_j,使凸多边形 V_j 中的任一点与 P 的距离都比与 $\{P_i\}$ 中的其他点的距离近。该方法可以将平面划分成一系列不重叠的凸多边形,称为 Voronoi 区域,并且使得 $\Omega = \cup V_i$,且这种分解是唯一的,如:在图 5-7 形成的 Voronoi 图中,由 9 个点组成的点集按照 Dirichlet 理论将平面划分为若干个凸多边形,其中有的凸多边形顶点在无穷远处:以点 5 为例,点 5 所拥有凸多边形 $V_2 V_3 V_4 V_6 V_8$ 中每一点距离点 5 都比其他 8 个点近。凸多边形的每一条边都对应着点

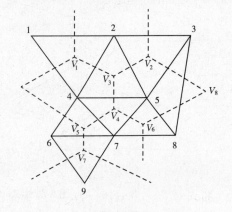

图 5-7　Voronoi 图形和三角化

集中的两个点,如 $V_2V_3V_4$ V_6V_8 中的边 V_2V_3 对应点对$(2,5)$,边 V_3V_4 对应点$(4,5)$,…,这样的点称为 Voronoi 邻点,将所有的 Voronoi 邻点连线,则整个平面就被三角化了。由此可见,对于给定点集的区域,该区域的 Voronoi 图是唯一确定的,相应的三角化方案也唯一确定,根据这一原理并结合上述数据关系,可以实现对任意给定区域的 Delaunay 三角化。

Delaunay 三角形具有一些很好的数学特性:

(1)唯一性,对点集$\{P_i\}$的 Delaunay 三角剖分是唯一存在的;

(2)外接圆准则,即 Delaunay 三角形的外接圆内不含点集$\{P_i\}$中的其他点;

(3)均角性,即给出网格区域内任意两个三角形所形成的凸四边形,则其公共边所形成的对角线使得其 6 个内角的最小值最大,这一特性能保证所生成的三角形接近正三角形。在这几条性质尤其是外接圆准则在 Delaunay 三角剖分算法中有着非常重要的作用。不少学者根据这些特性提出了一系列算法,其中 Bowyer 算法经过不断的改进已经成为比较成熟的算法之一。但是,传统的 Bowyer 算法尚存在一些不足之处。

5.4.2.2　传统的 Bowyer 算法及讨论

要实现对给定区域的 Delaunay 三角剖分,首先要建立一套有效的数据结构来描述上述数据关系。数据结构要能有效地组织数据,以提高网格生成的效率。在二维网格情况下,网格生成要处理的集合元素包括点和三角形。传统的 Bowyer 算法一般采用如下数据结构:

$$\text{节点}\begin{cases}\text{坐标 } X \\ \text{坐标 } Y\end{cases}\qquad\text{单元}\begin{cases}\text{顶点 } 1 \\ \text{顶点 } 2 \\ \text{顶点 } 3\end{cases}\qquad\text{三角形}\begin{cases}\text{相邻三角形 } 1 \\ \text{相邻三角形 } 2 \\ \text{相邻三角形 } 3\end{cases}$$

为便于描述传统 Bowyer 算法的三角化过程,下面以图 5-8 为例对传统的 Bowyer 算法进行说明,其三角形的剖分过程如下:

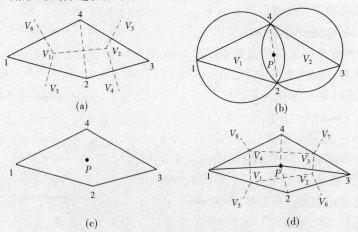

图 5-8　Delaunaly 三角形的剖分过程

第一步:数据结构初始化。

给定点集$\{P_i\}$,要实现 Delaunay 三角剖分首先需给出初始化的 Voronoi 图。为此,

可确定一个包含 $\{P_i\}$ 的凸多边形(一般给出一个四边形)并对其进行初始 Delaunay 三角划分,形成初始化的 Voronoi 图,如:图 5-8(a)对于四边形 1234 的 Delaunay 三角划分。表 5-1 给出了初始化 Voronoi 图的数据结构。

表 5-1 初始化时 Voronoi 图的数据结构

三角形	顶点			相邻点		
V_1	1	2	4	V_3	V_2	V_6
V_2	2	3	4	V_1	V_4	V_5
V_3	1	2	—	V_1	—	—
V_4	2	3	—	V_2	—	—
V_5	3	4	—	V_2	—	—
V_6	1	4	—	V_1	—	—

第二步:引入新点。

在凸壳内引入一点 $P \in \{P_i\}$,新引入的点将破坏原来的三角化结构,要删除一些三角形,并形成新的三角形。

第三步:确定将要被删除的三角形。

根据外接圆准则,如果新引入的点落在某个三角形的外接圆内,那么该三角形将被删除。确定与被删除的三角形相邻而自己又未被删除的三角形,记录其公共边。如图 5-8(b),三角形 V_1、V_2 将被删除。

第四步:形成新的三角形。

将 P 点与第三步所确定的公共边相连,形成新的三角形。

第五步:找出新三角形的相邻三角形。

如果某一个三角形的三个顶点中有两个与新三角形中的两个顶点重合,则这个三角形是新三角形的相邻三角形。更新 Voronoi 图的数据结构重复第二步至第五步不断引入新点,直到所有的点都参加到平面划分中。

5.4.2.3 对传统 Bowyer 算法的讨论

从上面列举算法的步骤可以看出,Bowyer 算法的剖分过程是一个不断加入新点,不断打破现有的 Voronoi 图和数据结构,同时又不断更新 Voronoi 图和数据结构的过程。这种算法为实现 Delaunay 三角剖分提供了思路,但其存在如下几点不足之处[8]:

(1)Bowyer 算法容易破坏边界,并且对边界的恢复比较困难。对于边界的检查和恢复,现有文献中提到最多的、最实用的算法就是边界加密算法。

(2)Bowyer 算法在剖分过程中,既要搜索被删除的三角形,又要搜索被删除三角形的相邻三角形及其相邻边。所以其搜索过程过于烦琐,对删除三角形的搜索和新三角形及其相邻三角形的确定将消耗大量机时,随着 $\{P_i\}$ 中点的个数的增加,计算量将呈平方级增加,剖分效率很低。虽然改进的 Bowyer 算法确实提高了它的剖分效率,但都没有设法回避烦琐的搜索过程。

(3)在 Bowyer 算法中判断一点在圆内还是在圆外是基于浮点数运算的结果,浮点运算的舍入误差可能误判三角形是否被破坏,而 Bowyer 算法又要基于这种判断来搜索被删除的三角形并确定新三角形及其相邻三角形。有时候一个三角形会找到 4 个或 4 个以上的相邻三角形,超出相邻三角形数组的下标范围,造成程序非正常中断。这种现象在均匀网格系统的剖分过程中一般表现不出来,但是在对复杂区域进行剖分时,特别是边界尺度对比较大或是点集 $\{P_i\}$ 分布极为不规则时,这种现象就很容易发生。这是 Bowyer 算法最致命的缺陷。文献[9]曾提及过这种缺陷并建议采用双精度数据类型计算圆心。

（4）在传统的 Bowyer 算法中,经常是先构造一个包含 $\{P_i\}$ 四边形凸壳,然后进行数据结构初始化。这种数据结构初始化方法简单易行,但是如果边界尺度对比较大就会造成某些三角形外接圆半径很大,计算这些三角形的外接圆圆心时就会有较大的浮点数运算误差从而为程序非正常中断埋下隐患,所以这种数据结构初始化方案并不理想。

对 Bowyer 算法的前两点不足之处已经有不少文献对其进行了探讨,并找到了许多方法解决上述缺陷。但是对于 Bowyer 算法的第三个缺陷,虽然现有资料对其描述很少,但并不说明这种缺陷不存在,文献[8]曾用长江某河段 11 万个地形数据点做试验,用传统的 Bowyer 算法因上述原因中断,用 Matlab 中的 Delaunay(X,Y) 函数进行剖分也不能输出正确的结果,这说明传统的 Boywer 算法确实存在这方面的缺陷,因此迫切需要找出一种改进算法来解决这一问题。

5.4.2.4　改进的 Delaunay 三角化方法

从上面的分析可以看出,Bowyer 算法的第三个缺陷是由于错误的判断和烦琐的搜索过程相互影响而导致的。错误的判断将导致错误的搜索结果,形成非正常的三角形,从而形成连锁反应。这种错误在计算过程中一旦发生就会"愈演愈烈",形成"多米诺骨牌效应"。但是,以前对 Bowyer 算法的改进主要是针对数据结构和搜索方法的修改,只是提高了剖分效率,并没有降低算法的复杂度也没有回避复杂的搜索过程,所以也就不可能从根本上解决这一问题。对传统的 Bowyer 算法,如果能回避不必要的搜索过程,用一种新的算法来确定新三角形及其相邻三角形,就可以避免出现错误的连锁反应。针对这一问题,作者曾提出了一种新算法,简化了数据结构,提高了计算效率,下面对其进行简要的介绍。

新算法在三角化过程中将传统算法的数据结构简化为

$$\text{节点}\begin{cases}\text{坐标 } X \\ \text{坐标 } Y\end{cases}\qquad\qquad\text{单元}\begin{cases}\text{顶点 1} \\ \text{顶点 2} \\ \text{顶点 3}\end{cases}$$

在生成三角形的过程中,无须记录相邻三角形,具体步骤如下:

第一步:数据结构初始化。

对于给定的点集 $\{P_i\}$,$i=1,2,\cdots,N$,利用平面点集的凸壳生成算法生成包含点集 $\{P_i\}$ 凸壳,并用凸多边形三角剖分算法对凸壳进行三角剖分,形成初始数据结构。图 5-9（a）为由凸壳生成算法生成的凸壳（多边形 123456789）以及由凸多边形三角剖分算法生成的初始化的 Voronoi 图。

第二步:引入新点。

在凸壳内引入一点 $P \in \{P_i\}$,新引入的点将破坏原来的三角化结构,要删除一些三角形,并形成新的三角形。

第三步:确定将要被删除的三角形。

　　根据外接圆准则,如果新引入的点落在某个三角形的外接圆内,那么该三角形将被删除。这些被删除的三角形的顶点,将构成 P 的相邻点集 $\{PN_j\}$, $j = 1, 2, \cdots, N_{PN}$,(N_{PN} 为 P 的邻点的个数)。

　　第四步:形成新的三角形。

　　将 P 点与 $\{PN_j\}$ 内的各点连线,并按照线段 PPN_j 与 X 轴夹角 $\theta_0 (0 < \theta_0 < 360°)$ 的大小对 PN_j 进行排序。连接 P、PN_j、PN_{j+1} 形成新的三角形。

　　第五步:更新数据结构。

　　记录新三角形。重复第二步至第五步不断引入新点,直到所有的点都参加到平面划分中,形成三角形网格,见图 5-9(b)。

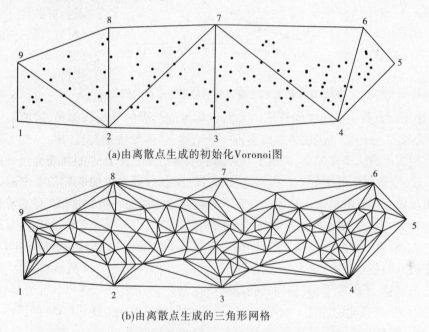

(a)由离散点生成的初始化Voronoi图

(b)由离散点生成的三角形网格

图 5-9　由离散点生成的初始化 Voronoi 图和三角形网格

5.4.2.5　对改进算法的几点说明和讨论

　　(1)新算法的第一步比传统算法复杂,但是在对纵横尺度对比较大的区域进行剖分时,该方法能形成一个较理想的初始化数据结构,有利于程序运行的稳定。当计算区域纵横尺度对比接近 1 时,没必要这么做。

　　(2)新算法的第四步用一个排序过程代替了以往算法中复杂的搜索过程。这一改进减少了新三角形及其相邻三角形确定过程中的搜索步骤,防止出现"多米诺骨牌效应"。即使某步出现错误判断,也只会对该步生成的三角形质量造成影响,后插入的点还会对此影响进行修正,比较彻底解决了程序非正常中断这一问题。与此同时,该算法还简化了数据关系,减少了搜索步骤。对 $\{PN_j\}$ 内的各点进行排序,实际上就是确立 $\{PN_j\}$ 内的各点的连接关系,生成一个顶点按逆时针排列的多边形空腔,然后将点 P 与多边形空腔连线形成新的三角形,这与文献[5]描述的算法在原理上是相同的。另外,需要说明的是,新算法虽然增加了对 $\{PN_j\}$ 中的各点进行排序这一操作,但是 $\{PN_j\}$ 中点的数目 N_{PN} 并不多,一般为 6~10 个,并且不随点集中点数目的增加而增加,所以不会过多地耗费机时。图 5-10 显示了改进算法在 CPU2.6GHz 电脑上运行时生成三角形数量 N_e 和所用时间 t 的关系。

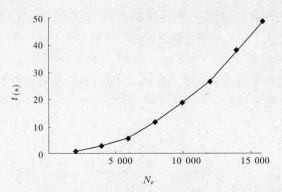

图 5-10　新算法生成三角形数量与运行时间关系

（3）由平面点集生成凸壳的算法。平面点集生成凸壳的算法有多种,主要有卷包裹法、格雷厄姆法、分治法、增量法,在此不再一一论述,具体算法见文献[10]。作者曾将卷包裹法和格雷厄姆法组合起来,提出了一种新的生成凸壳的算法,描述如下:

第一步:选取 y 值最小的点作为参考点 P_1,将离散数据点按照它们与参考点之间的线段的角度的大小对数组进行排序。在离散点数组后面追加一组数,将 P_1 的坐标值赋给这组数。则 P_1、P_2、$\cdots$、P_n、P_{n+1} 均为凸多边形的顶点。

第二步:以 P_2 为参考点,从 P_2 后面的所有数据中搜索与 P_2 连线角度最小的点,这一点为凸多边形的新顶点 P_3。

重复第二步,不断搜索,直到搜索到的新顶点为 P_1。

（4）多边形三角化的算法。文献给出了凸多边形的三角化方法。

第一步:求出凸多边形的直径,并记录直径的两个端点 P_i、P_j。

第二步:比较 $P_{i-2}P_i$,$P_{i-1}P_{i+1}$,P_iP_{i+2} 的大小,取较短对角线,删除相应的顶点,并输出相应的三角形。对 P_j 作同样的处理。如图 5-11 所示 15 为直径,经过判断输出三角形 129、456,删除顶点 1、5。

第三步:由剩余的点构成新的多边形,重复第一步、第二步,直到所有的凸多边形的顶点数为 3。

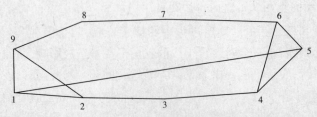

图 5-11　凸壳的三角化过程

5.4.2.6 用改进的 Delaunay 三角化方法生成非结构三角形网格

1）需要解决的问题

要实现利用 Delaunay 三角化方法生成自适应的非结构网格，还需要解决以下几个问题：

（1）内点自动插入技术。

Delaunay 三角化方法只提供了一种对于给定点集如何相连形成一个三角形网格的算法，但它并没有说明节点是如何生成的。因此，必须找到一种有效的方法来生成节点，尤其是内部节点。对于区域内部节点的生成，主要有外部点源法和内部节点自动生成方法。外部点源法通过采用结构化背景网格方法或其他方法，一次性生成区域剖分所需的全部内部节点，这种方法虽然简单易行，但不易实现自适应技术。对于内部节点自动生成方法有许多布点策略，文献[11]提到 3 种布点技术：重心布点、外接圆圆心布点和 Voronoi 边布点策略。建议采用文献 [12]提出的节点密度分布函数这一概念，定义边界点的节点密度：

$$Q_i = \left[d(P_i, P_{i-1}) + d(P_i, P_{i+1}) \right]/2 \tag{5-8}$$

其中，$d(\ \ )$为两点之间的距离，首先计算边界点的节点密度 Q_i。由边界点生成 Delaunay 三角形，在三角形形心处定义一待插节点 P_{add}，P_{add} 的节点密度 $Q_{P_{add}}$ 可以由它所在的三角形的顶点的节点密度插值得到，然后计算 P_{add} 到所在的三角形每个顶点的距离 d_m（$m = 1, 2, 3$），如果 $d_m > \alpha Q_{P_{add}}$（α 为一经验系数），则将该点确定为待插节点。

（2）边界的完整性。

对于一个剖分程序，十分重要的一点就是要求确保边界的完整性，而 Delaunay 三角化方法的缺点之一就是容易造成边界破坏，所以用 Delaunay 三角化方法生成非结构网格时一定要检查边界的完整性并恢复被破坏的边界。对于边界完整性的处理，文献中提到最多的算法就是边界加密算法，即在网格剖分前建立边界连接信息表，剖分完毕后检查边界是否被破坏，如果边界被破坏，就在丢失的边的中点处加一个点，并将这一点加入新的点集中，参与三角剖分。

（3）多余三角形的删除。

在三角形网格剖分的过程中，会产生一些三角形落在计算区域之外，需要将其删除。对于外形简单的区域，删除多余三角形是比较容易的，但是对于像河道边界这样外形比较复杂的区域，多余三角形的删除是非常麻烦的，需要具体问题具体分析。对于新算法来说，假如初始点集为区域边界 $\{ P_i \}$，如果将内边界按顺时针排序，外边界按逆时针排序，那么凡是有三个顶点在边界上的三角形都有可能被删除。再对这些三角形按顶点编号的大小进行排序，如果某个三角形（如：$\Delta P_i P_j P_k, i < j < k$）在计算区域外，那么排序后的三角形的形心一定在 $P_i P_j$ 的右侧，可以根据这个原理编程删除多余的三角形。

（4）网格优化技术。

按照 Delaunay 方法生成网格后，虽然所生成的网格对于给定的点集是最优的，但网格质量必然受到节点位置的影响，因此还需对网格进行光顺，它对于提高流场计算的精度有重大意义，是网格生成过程不可缺少的一环。常用的网格光顺方法称为 Laplacian 光顺方法。

这种光顺技术是通过将节点向这个节点周围三角形所构成的多边形的形心移动来实现的。如果 $P_i(x_i, y_i)$ 为一内部节点，$N(P_i)$ 为与 P_i 相连的节点总数，则光顺技术可表示如下：

$$\left.\begin{aligned} x_i &= x_i^0 + \alpha_G \sum_{k=1}^{N(P_i)} x_k / N(P_i) \\ y_i &= y_i^0 + \alpha_G \sum_{k=1}^{N(P_i)} y_k / N(P_i) \end{aligned}\right\} \tag{5-9}$$

式中：α_G 为松弛因子；x_i^0、y_i^0 分别为节点初始坐标。

2）非结构三角形网格剖分算法

为了便于生成非结构三角形网格，可建立数据结构如下：

$$\text{节点} \begin{cases} \text{坐标 } X \\ \text{坐标 } Y \\ \text{边界类型} \\ \text{结点密度} \end{cases} \qquad \text{三角形} \begin{cases} \text{顶点 1} \\ \text{顶点 2} \\ \text{顶点 3} \\ \text{是否位于边界外} \end{cases}$$

由 Delaunay 三角化算法生成非结构三角形网格的步骤如下：

第一步：输入边界点，确定边界类型，并计算边界点的节点密度 Q_i。

第二步：根据边界点生成包含所有边界点的凸壳。

第三步：根据多边形三角化算法对凸壳进行三角化，初始化数据结构，引入所有的边界点进行三角剖分，屏蔽位于边界外的三角形。

第四步：在没有屏蔽的三角形形心处引入内部节点，并判断是否将其确定为待插节点。将所有的待插节点插入到计算区域中去。

第五步：检查边界的完整性，恢复丢失的边界。重复第三步至第四步，直到待插点集中的元素为零。

第六步：优化内部节点。

第七步：输出剖分区域内的三角形。

5.4.2.7 非结构三角形网格剖分算例

根据上述思想，我们已成功实现了对长江、淮河、海河等流域数十个河段的网格剖分，计算实践表明，该程序运行稳定，即使对区域纵横尺度对比较大的区域进行剖分时，也没有出现非正常中断。在此，给出两个算例。

算例一：翼形非结构网格剖分。前面已经分析过，改进算法和传统算法在原理上是一致的，图 5-12 给出了算例一的剖分过程，从剖分结果可以看出，在控制条件相同的情况下，两种算法生成的网格是相同的。

算例二：天然河道的非结构网格剖分。对于诸如河道这样纵横尺度对比较大的区域（见图 5-13），用传统算法剖分极易出现程序中断，而改进的算法程序运行良好。

上述两个算例中三角形的质量都比较好，网格剖分花费的时间也不长，主要参数见表 5-2。

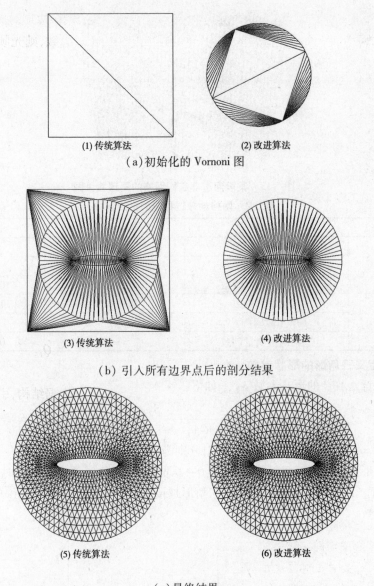

（1）传统算法　　　　　　（2）改进算法

（a）初始化的 Vornoni 图

（3）传统算法　　　　　　（4）改进算法

（b）引入所有边界点后的剖分结果

（5）传统算法　　　　　　（6）改进算法

（c）最终结果

图 5-12　翼形非结构网格的生成

5.4.3　非结构四边形网格的生成方法

非结构四边形网格的生成方法有生成四边形的直接算法[13-14]和通过三角形转化四边形的间接算法[15-16]。相对而言,通过三角形转化四边形的间接算法较为简单,该算法主要是将满足一定条件的两个相邻三角形合并为一个四边形(删除公共边),很多文章[14-15]通过定义三角形及四边形的形状参数给出合成条件,并据此判断是否将两个相邻三角形合成为四边形。具体步骤如下。

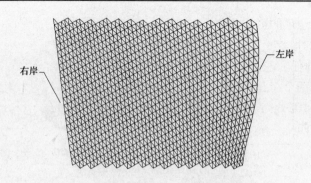

图 5-13　某段河道非结构网格的局部放大图

表 5-2　网格剖分过程中的主要参数

算例	项目	传统算法	改进算法
算例一	三角单元总数	1 968	1 968
	所用时间(s)	5	1
	平均网格质量参数	0.982 3	0.982 3
算例二	三角单元总数	程序中断	100 008
	所用时间(s)	—	1 409
	平均网格质量参数	—	0.941 6

5.4.3.1　定义三角形的形状参数

定义任意△ABC 的形状参数 $\alpha_{\triangle ABC}$ 如下：

$$\alpha_{\triangle ABC} = 2\sqrt{3}\, \frac{S_{\triangle ABC}}{|CA|^2 + |AB|^2 + |BC|^2} \tag{5-10}$$

式中：$S_{\triangle ABC} = AB \times AC$；$|CA|$、$|AB|$、$|BC|$ 分别为△ABC 的三个边长。

若三角形顶点按照逆时针排列，α 在 $0 \sim 1$ 取值；若三角形顶点按照顺时针排列，α 在 $-1 \sim 0$ 取值。α 绝对值越接近1，说明三角形越接近正三角形，图 5-14 给出了几种典型三角形形状参数。

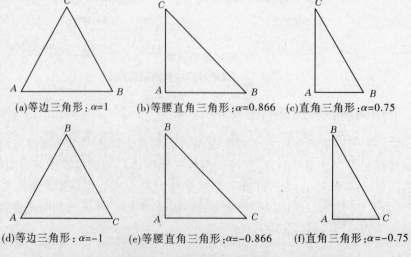

(a)等边三角形：$\alpha=1$　　(b)等腰直角三角形：$\alpha=0.866$　　(c)直角三角形：$\alpha=0.75$

(d)等边三角形：$\alpha=-1$　　(e)等腰直角三角形：$\alpha=-0.866$　　(f)直角三角形：$\alpha=-0.75$

图 5-14　典型三角形形状参数

5.4.3.2　定义四边形的形状参数

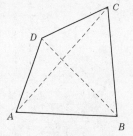

图 5-15　任意四边形 ABCD

基于三角形的形状参数,可以定义四边形的形状参数。例如,图 5-15 所示的任意四边形 ABCD,将其顶点按照逆时针排列,沿着四边形的两个对角线 AC、BD 可以将四边形分为四个三角形 △ABC、△ACD、△BCD 和 △BDA(注意:顶点的排列均为逆时针),将这四个三角形对应的形状参数进行排序,使 $\alpha_1 \geq \alpha_2 \geq \alpha_3 \geq \alpha_4$,则四边形的形状参数可定义为 $\beta = \dfrac{\alpha_3 \alpha_4}{\alpha_1 \alpha_2}$。

凹四边形的 β 值为 -1 ~ 0;凸四边形的 β 值为 0 ~ 1,β 值接近 1 说明四边形接近矩形,β 值为 0 说明四边形退化为三角形。图 5-16给出了几个典型四边形的形状参数。

5.4.3.3　合成三角形生成四边形

根据已有的三角形网格(见图 5-17),计算所有相邻三角形可能形成的四边形的形状参数 β,每次仅生成具有最大 β 值的四边形。在实际工作中,为提高效率合成过程中常常先指定四边形的最小形状参数 $\beta_{\min}$,再将 1 ~ $\beta_{\min}$ 分为 k_β 级。以 $\beta \geq \beta_k (1 \geq \beta_k \geq \beta_{k+1} \geq \beta_{\min}$, $k = 1, 2, \cdots, k_\beta)$ 作为合成条件生成四边形单元。文献[16]给出了不同控制条件($\beta_{\min}$)下,生成的非结构四边形网格(见图 5-18),由图 5-18 可以看出,即使取 $\beta_{\min} = 0$,在合并之后仍会在计算区域内存在一些尚未合并的三角形,对于这些剩余的三角形,可以将其视为一个顶点重合的四边形,不再另作处理。

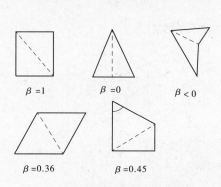

图 5-16　典型四边形的形状参数

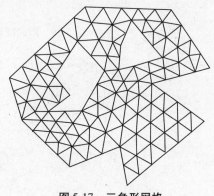

图 5-17　三角形网格

5.4.4　非结构混合网格的生成方法

5.4.4.1　分块对接法

对于主河道较窄、滩地较宽的平原河道(或是串流区),采用混合网格方可合理地布置网格。可采用分区对接的方法生成混合网格,即在主河道生成贴体四边形网格,在左右岸滩地生成非结构三角形网格,并进行拼接(在生成三角形网格和四边形网格交界面上边界点需一一对应,见图 5-19)。

5.4.4.2　三角形网格合成法

对凸四边形而言,其对角线之比越接近 1,该四边形越接近矩形。基于四边形单元的这种特性,可对三角形网格内的部分单元进行合并,进而生成混合网格,详细步骤如下:

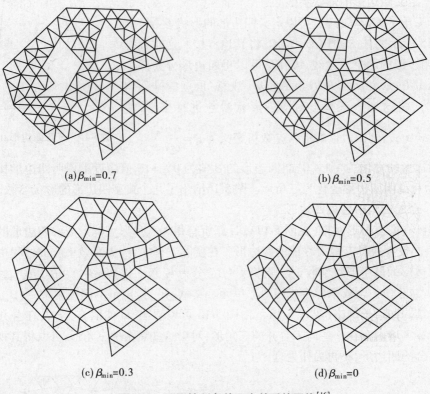

(a)$\beta_{\min}=0.7$ (b)$\beta_{\min}=0.5$

(c)$\beta_{\min}=0.3$ (d)$\beta_{\min}=0$

图 5-18　不同控制条件下合并后的网格[16]

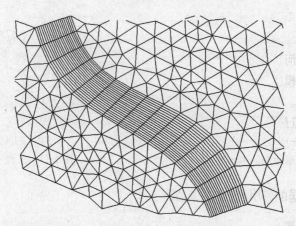

图 5-19　分块对接混合网格

（1）在三角形网格中搜索每一个三角形的最长边，记录该边以及该边的相邻三角形，如图 5-20（a）所示，△123 最长边为 23，相邻三角形是△234。

（2）根据 $abs(\dfrac{1-l_{14}}{l_{23}})\leqslant\varepsilon_{HBG}$（$\varepsilon_{HBG}$ 为网格合成参数）判断是否将三角形合成。

（3）如果满足合成条件，进一步判断可能形成的四边形是否为凸四边形。如果是，则形成四边形网格，更新数据结构。图 5-20（b）给出了某天然河道的混合网格合成示意图。

类似于非结构四边形网格的生成方法,同样可以采用分级合并的方法生成混合网格。

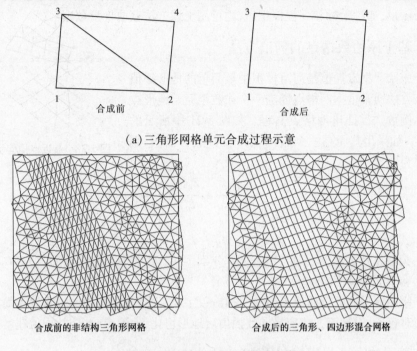

(a)三角形网格单元合成过程示意

合成前的非结构三角形网格　　　　　　合成后的三角形、四边形混合网格

(b)三角合成法生成混合网格示意

图 5-20　利用三角形网格合成法生成混合网格

5.5　三维数字地形网格的生成技术

对水沙运动与河床冲淤变形的数值模拟,在网格剖分之后,必须对网格点进行地形插值后才能进行流动模拟。地形插值就是根据河道地形给网格点赋以相应的高程值,构建三维数字地形网格。目前,河流模拟中主要采用两种方法进行插值:①基于原始数据点插值,即由距离网格点最近的一个或多个原始地形点确定网格点的高程;②基于数值高程模型插值,即首先要生成数字高程模型(DEM),然后基于数字高程模型(DEM)对网格点进行插值。

5.5.1　地形数据的获取

地形数据是地形插值的基础,它包括平面位置和高程数据两种信息。获取地形数据的方法有:从既有地形图上得到地形数据(通过航测、全站仪或者 GPS、激光测距仪等测量工具获取地形数据,然后形成地形图),通过影像图(如遥感图等)获取地形数据。

水沙运动及河床冲淤变形的数值模拟对水下地形要求较高,而从测图水平来看,现有的卫星遥感图的精度尚难以满足要求,因此实际计算中采用的地形一般是从既有地形图上获取的。既有的地形图可分为电子地图和纸质地图两种。

AutoCAD 电子地图:AutoCAD 提供了数种接口方式与外部软件进行数据交换,因此可采用适当的接口方式通过 CAD 二次开发技术直接从 AutoCAD 电子地图中提取数据。

纸质地图:对纸质地图,可先将图纸扫描后转为电子图像,然后用矢量化软件转为AutoCAD 图形,通过坐标和高程校正后,也可用上述方法获取地形数据。

5.5.2　基于原始数据点的插值方法

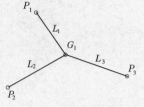

图 5-21　最近点插值示意图

基于原始数据点插值是河流模拟中最简单的地形插值方法。该方法通常根据网格点周围一个或数个原始地形点按照距离倒数加权插出网格点高程。如图 5-21 中所示的网格点 G_1,如采用其周围三个点(P_1、P_2、P_3)进行插值,则插值公式为

$$Z_{0G_1} = \frac{\dfrac{Z_{0P_1}}{L_1} + \dfrac{Z_{0P_2}}{L_2} + \dfrac{Z_{0P_3}}{L_3}}{\dfrac{1}{L_1} + \dfrac{1}{L_2} + \dfrac{1}{L_3}} \tag{5-11}$$

式中:Z_{0G_1} 为网格点的高程;Z_{0P_1}、Z_{0P_2}、Z_{0P_3} 分别为 P_1、P_2、P_3 点的高程;L_1、L_2、L_3 分别为 P_1、P_2、P_3 点距网格点的距离。

基于原始地形点进行插值不用专门构造数字地形高程模型,因此方法较为简单,编程计算也相对容易,但是该方法容易导致插值后地形坦化,地形点较多时,插值速度也较慢。

5.5.3　基于数字高程模型(DEM)的插值方法

5.5.3.1　数字高程模型(DEM)的分类

在地理信息系统中,DEM 主要采用如下三种模型:规则格网模型(Grid)、等高线模型和不规则三角网模型(Triangulated Irregular Network,TIN),见表 5-3。从表 5-3 可以看出,TIN 数字高程模型适用于处理复杂地形,并且容易插值求出任意点的高程,因此本章将基于 TIN 数字高程模型进行地形插值。

表 5-3　不同数字高程模型的比较

项目	等高线	规则格网	不规则三角网
存储空间	很小(相对坐标)	依赖格距大小	大(绝对坐标)
数据来源	地形图数字化	原始数据插值	离散点构网
拓扑关系	不好	好	很好
任意点内插效果	不直接且内插时间长	直接且内插时间短	直接且内插时间短
适合地形	简单、平缓变换	简单、平缓变换	任意、复杂地形

5.5.3.2　TIN 数字高程模型的构建

从 AutoCAD 图形中提取出来的地形点是不规则的离散点,可采用 Delaunay 三角化算法将其构造成 TIN 数字高程模型。由离散点生成 Delaunay 三角网一般都采用 Bowyer 算法或其改进算法,在此作者采用前文提到的改进算法生成非规则三角网,图 5-22 给出了TIN 生成过程图。

5.5.3.3　基于 TIN 数字高程模型的插值方法

对于三节点的三角形单元可以采用面积插值。为此我们引入面积坐标系,对于如

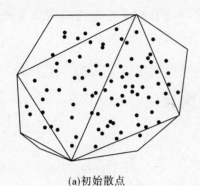
(a)初始散点

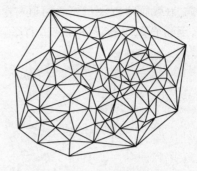
(b)非规则三角地形网(TIN)

图 5-22　初始化的 Voronoi 图

图 5-23所示的三角形单元△$i(i=1,2,3)$,为了描述 $P(x,y)$ 在三角形内的位置,可定义面积坐标:

$$A'_i = \frac{A_i}{A} = \frac{\frac{1}{2}\begin{vmatrix} 1 & x & y \\ 1 & x_j & y_j \\ 1 & x_k & y_k \end{vmatrix}}{\frac{1}{2}\begin{vmatrix} 1 & x_i & y_i \\ 1 & x_j & y_j \\ 1 & x_k & y_k \end{vmatrix}} \quad (i=1,2,3)$$

式中:A 为三角形单元的面积;A_i 为点 P 和序号不为 i 的另外两个三角形顶点所围成的三角形的面积。

由于 $A_1 + A_2 + A_3 = A$,所以 $A'_1 + A'_2 + A'_3 = 1$。按照面积坐标的定义,节点 1、2、3 的坐标分别为$(1,0,0)$,$(0,1,0)$,$(0,0,1)$。单元内的任意函数值可表示为 $f = f_1 A_1 + f_2 A_2 + f_3 A_3$,如果令 f 表示坐标点的高程,就可以求出三角形单元内任意一点的高程。

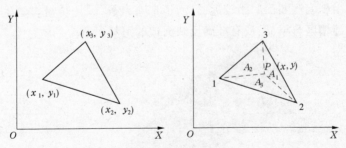

图 5-23　三角形线性插值示意

5.6　基于实测大断面的三维地形生成技术

三维地形是开展平面二维模型计算必需的基础资料,由于黄河上的实测地形资料多为大断面资料,断面间距大,且河道形态奇异,采用常规的方法很难根据现有资料生成高精度的三维地形。以渭河下游长约 8.5 km 的某河道为例(见图 5-24),该河段滩地宽阔,河槽狭窄弯曲,在断面 1 处河槽位于河道右岸,顺直下行 2.3 km 后左转,于断面 2 处过渡至河道左岸,至断面 3,又逐渐回到河道右岸,沿河道布置 3 个大断面。

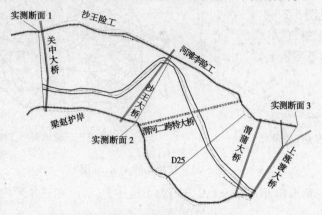

图 5-24 试验河段河势及实测断面布置

由实测大断面生成河道三维地形,以往采用的方法一般是根据大断面位置和实测断面地形,生成各断面实测点的 X、Y 坐标,再根据各实测大断面生成的离散点构建数字高程模型(如构建非结构三角格网模型),对平面二维模型的计算网格进行插值。断面实测点 X、Y 坐标的生成方法如下:

$$x_i = x_s + \frac{L_i - L_s}{L_{s,e}}(x_e - x_s)$$

$$y_i = y_s + \frac{L_i - L_s}{L_{s,e}}(y_e - y_s)$$

式中:x_s、y_s 分别为断面起点坐标;x_e、y_e 分别为断面终点坐标;$L_{s,e}$ 为断面长度;L_i、x_i、y_i 分别为断面上第 i 个实测点的起点距和 x、y 坐标。

利用试验河段 3 个大断面的实测资料,采用该方法生成河道三维地形,如图 5-25 所示。可以看出,由于实测断面间距较远,且河道形态奇异,采用传统方法生成的三维地形主槽直上直下,滩槽区分模糊,没有准确反映河道的河势形态。

图 5-25 试验河段三维地形(现有方法,采用 3 个实测断面)

　　为了进一步检验该方法生成河道三维地形的能力,沿试验河段布置了 31 个实测断面(见图 5-26,平均断面间距 275 m),进行加密测量。利用加密后的实测数据重新生成了河道三维地形(见图 5-27)。可以看出,由于采用了加密数据,生成的三维地形基本能够反映河道的河势形态,但主槽仍不连续,尤其在断面 1 和断面 2 之间,主槽由右岸过渡至左岸处,河势过渡不平顺。

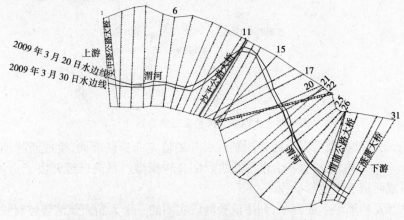

图 5-26　试验河段加密断面布置

图 5-27　试验河段三维地形(现有方法,采用 31 个实测断面)

　　从上面分析结果可以看出,现有算法在利用实测大断面生成河道三维地形时,由于没有对实测断面的滩地和主槽加以区分,同时也没有考虑滩槽分区、河槽走向、深泓线走向等河势信息,尤其是实测断面较少的时候,可能误利用河槽地形信息生成滩面地形,也可能误利用滩地地形信息生成河槽地形,造成三维地形深槽垂直于实测断面直上直下,相互交错,没有连续贯通,质量差,如图 5-28 所示。

　　为了弥补现有算法在生成河道三维地形时存在的不足之处,本章首先根据计算河段的河势布置河势控制线,再按实测断面点所属区域(如主槽、滩地、深泓等)对其进行分

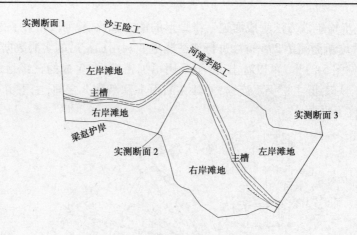

图 5-28　大断面及河势控制线布置

类,然后根据断面点的分类情况由河势控制线引导插值方向补插断面,生成新的地形点,进而根据 Delaunay 三角化法建立计算河段的数字高程模型。目前已经开发了由河势及大断面资料生成河道三维地形的程序。

基于本章开发的地形生成程序,利用试验河段实测的三个大断面及河势控制线,生成了试验河段的三维地形(见图 5-29)。定性来看,生成的地形滩槽分区明显,河槽过渡平顺,深泓随河槽弯曲变化过渡合理(弯顶靠凹岸),较为准确地反映了试验河道的河势特点。为进一步分析该方法的精度,在计算河段上截取了 D25 和实测断面 2 进行对比分析(断面位置见图 5-24),其中 D25 是在实测断面之外随意截取的断面,实测断面 2 是生成地形时采用的大断面。图 5-30 给出了对比结果,可以看出,改进算法生成的两个断面的地形和实测地形吻合较好,其中:生成的实测断面 2 地形和实测地形基本重合,说明在有实测断面的位置,改进算法较好地利用了实测地形信息;D25 断面生成地形和实测地形吻

图 5-29　试验河段三维地形(改进方法,采用 3 个实测断面)

合较好,说明在没有实测资料的地形,改进算法也基本能够保证精度。由此可见,改进算法简单可行,在实测资料有限的条件下,能够较为准确地生成河道三维地形。

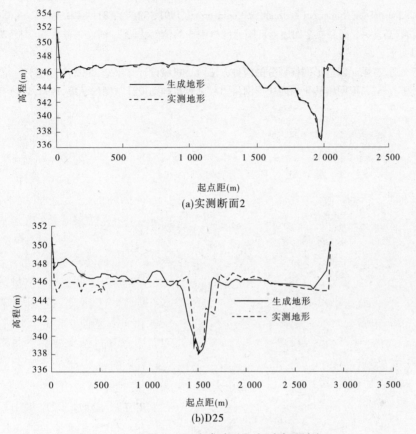

(a)实测断面2

(b)D25

图 5-30　生成地形和实测地形对比

参 考 文 献

[1] 王福军.计算流体动力学分析[M].北京:北京航空航天大学出版社,1998.

[2] CHOW P, CROSS M, PERICLEOUS K. A natural extension of the conventional finite volume method into polygonal unstructured meshes for CFD applications[J]. App. Math. Modeling, 1996, 20(2):170-183.

[3] 陶文铨.数值传热学的近代进展[M].北京:科学出版社,2000.

[4] 罗秋实.基于非结构网格的二维及三维水沙运动数值模拟技术研究[D].武汉:武汉大学,2007.

[5] 朱自强.应用计算流体力学[M].北京:北京航空航天大学出版社,1998.

[6] 周龙才.泵系统水流运动的数值模拟[D].武汉:武汉大学,2002.

[7] 槐文信,赵明登,童汉毅.河道及近海水流的数值模拟[M].北京:科学出版社,2004.

[8] 刘士和,罗秋实,黄伟.用改进的 Delaunay 算法生成非结构网格[J].武汉大学学报:工学版,2006,38 (6):1-5.

[9] 徐明海,张俨彬,陶文铨.一种改进的 Delaunay 三角形化剖分方法[J].石油大学学报,2001,25(2): 100-105.

[10] 周培德.计算几何——算法分析与设计[M].北京:清华大学出版社,2000.

[11] 朱培烨. Delaunay 非结构网格生成之布点技术[J]. 航空计算技术,1999,29(3):22-25.

[12] 田宝林. 基于 Delaunay 三角剖分的非结构网格生成及其应用[D]. 吉林:吉林大学,2000.

[13] Blacker T D, Stephenson M B. Paving: A new approach to automatic quadrilateral mesh generation [J]. International Journal for Numerical Methods in Engineering, 1991, 32(4): 811-847.

[14] 贾虹,卢炎麟,高发兴. 高品质全四边形有限元网格生成的铺砌法[J]. 浙江工业大学学报,2000,28(4):353-357.

[15] 潘子杰,杨文通. 有限元四边形网格划分的两种方法[J]. 机械设计与制造,2002(2):50-51.

[16] 闵维东,唐泽圣. 三角形网格转化为四边形网格[J]. 计算机辅助设计与图形学报,1996,8(1):1-6.

第 6 章　控制方程的离散及求解

6.1　离散方法概述

控制方程的离散就是将控制方程转化为计算域内有限个离散点的函数值的代数表达式。控制方程的离散方法很多,经常采用的有有限差分法、有限元法和有限体积法。

有限差分法是数值模拟最早使用的方法,该方法首先在求解区域布置有限个离散点(网格单元的顶点或中心点),用离散节点的差商代替微商代入控制方程,从而在每个节点上形成一个代数方程,该方程包含了本节点及其附近一些节点上所求变量的未知值。在特定的边界条件下,求解由这些代数方程构成的代数方程组就得到了数值解。该方法是一种直接将微分方程变为代数方程的数学方法,数学概念清晰,表达简单,是发展较早且比较成熟的数值方法。但是,有限差分法只是一种数学上的近似,所得的离散方程没有考虑节点和节点之间相互联系和变化规律,流体运动控制方程所具有的守恒性质(如质量守恒、能量守恒等)在差分方程中并不能得到严格的保证。除此之外,有限差分法对不规则区域的适应性较差[1]。

有限元法的基本思想就是把计算区域划分为有限个任意形状的单元,在每个单元内选择一些合适的节点作为求解函数的插值点,然后在每个单元内分片构造插值函数,将微分方程中的变量或其导数改写成节点变量值与所选用的插值函数组成表达式,再根据极值原理(变分或加权余量法)构建离散方程并求解。有限元法的计算单元可以采用三角形网格、四边形网格和多边形网格,能够灵活处理复杂边界问题。但是有限元法存在着计算格式复杂、计算量及存储量较大、大型系数矩阵求解困难且效率低等缺点,在计算急变流时容易出现速度坦化等问题,因此在流体力学求解中应用的不是很多。

有限体积法是近几十年发展起来的一种离散方法。该方法首先将计算区域划分为有限个任意形状的单元,将待解的微分方程沿控制体积分,便得出一组离散方程,在积分过程中需要对界面上被求函数本身及其一阶导数的构成方式作出假设。有限体积法同有限元法一样,可以基于三角形网格、四边形网格和多边形网格求解,对复杂区域的适应能力较强,且计算量较小,物理意义明确。此外,由于该方法大多采用守恒型的离散格式,在局部单元和整个计算区域内都能保证物理量守恒,且容易处理非线性较强的流体流动问题,因此在计算流体力学领域得到了广泛的应用。文献[1]曾对《Internal Journal of Mass Transfer》以及《ASME J Heat Transfer》杂志上 1991～1993 年中有关数值计算论文进行统计,使用 FVM 的文献约为 47%。此外,国外一些成熟的商用软件如 Phoenics、Fluent、STAR-CD 等在求解方程时都是采用有限体积法。

对于有限差分法、有限元法和有限体积法的主要区别,不少文献都进行了描述。这三种方法的主要区别在于离散方程的思路上:①有限差分法是点近似,采用离散的网格节点上的值近似表达连续函数,数值解的守恒性较差;②有限元法是分段(或是分块)近似,单元内的解是连续解析的,单元之间近似解是连续的,此外有限元法对计算单元的划分没有特别的限制,处理灵活,特别是在处理复杂边界的问题时,这一优点更为突出;③有限体积法可以看做是有限差分法和有限元法的中间产物,有限体积法只求解变量 φ 在控制体节点或中心处的值,这与有限差分法相似,而沿控制体积分时必须假定 φ 值在网格之间的分布,这又与有限元法相似,因此有限体积法物理概念清晰,兼备有限元法和有限差分法的优点。

6.2　控制方程的通用形式

前面已经介绍了工程湍流运动的基本方程与封闭模式,这些方程的构建为工程湍流问题的求解提供了基础。但这些方程的表达形式不尽相同,若直接利用这些方程求解,需要对每个方程编制相应的程序段,程序编制工作较为繁重,为了简化问题,常常将其表述成通用形式。

从物理现象的本质来看,流体运动控制方程,不管是连续方程、动量方程、能量方程,还是物质输移方程,都存在一个共性,就是这些方程都是描述物理量在对流、扩散过程中的守恒原理。为此,可以将流体运动基本方程写成由瞬态项、对流项、扩散项和源项组成的通用表达式:

$$\frac{\partial \rho \varphi}{\partial t} + \frac{\partial \rho u_i \varphi}{\partial x_i} = \frac{\partial}{\partial x_j}\left(\Gamma_\varphi \frac{\partial \varphi}{\partial x_j}\right) + S_\varphi \tag{6-1}$$

式中: φ 为通用变量,可以表示不同的待求变量; Γ_φ 为广义扩散系数。

等号左边第一项为瞬态项,等号左边第二项为对流项,等号右边第一项为扩散项,等号右边第二项 S_φ 为源项。对不同的控制方程, φ 、 Γ_φ 和 S_φ 具有不同的意义。如对二维问题的动量方程,各变量的意义如表6-1所示,其中: $\mu + \mu_\tau$ 表示黏性系数, p 表示压强, S_i 表示动量方程的源项。

表 6-1　控制方程变量

方程	φ	Γ_φ	S_φ
连续方程	1	0	0
动量方程	u_i	$\mu + \mu_\tau$	$-\dfrac{\partial p}{\partial x_i} + S_i$

6.3　通用控制方程离散

有限体积法是目前计算流体动力学领域应用最普遍的一种数值方法[1]。按照离散方程时所采用的计算网格的拓扑结构,可以将有限体积法分为基于结构网格的有限体积法和基于非结构网格的有限体积法。考虑到从拓扑结构来看,结构网格可以视为非结构网格的特例,为不失一般性,在此主要探讨基于非结构网格的有限体积法。基于结构网格的有限体积法可以参考本节的离散方法另作推导,也可以参考其他著作。

6.3.1　基于非结构网格的有限体积法

从严格意义上来讲,采用有限体积法离散控制方程时需要同时在空间上和时间上进行积分。但为简便,往往直接用时变项的差商代替微商,只对控制方程做空间积分得到初步的离散方程,然后根据需要再进一步构建显式或隐式的求解格式。在此,也将按照该步骤探讨二维问题通用控制方程的离散。

将二维问题控制方程的通用表达式写成直角坐标系下的非张量形式:

$$\frac{\partial(\rho\varphi)}{\partial t} + \frac{\partial(\rho u\varphi)}{\partial x} + \frac{\partial(\rho v\varphi)}{\partial y} = \frac{\partial}{\partial x}(\Gamma_\varphi\frac{\partial\varphi}{\partial x}) + \frac{\partial}{\partial y}(\Gamma_\varphi\frac{\partial\varphi}{\partial y}) + S_\varphi \tag{6-2}$$

选择如图 6-1 所示的多边形单元为控制体,图中,P 为控制体中心;E 为相邻控制体中心;e 为控制体中心连线与控制体界面的交点;$n_{1j} = [\Delta y, -\Delta x]$ 为控制体界面的法向分量,当网格单元正交时 n_{1j} 与 PE 方向相同;n_{2j} 为控制体中心连线 PE 的法向量;假定控制体边数为 N_{ED}。

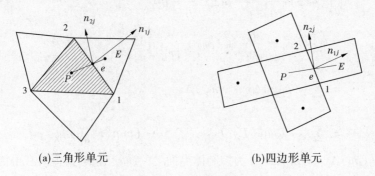

(a)三角形单元　　　　　　　　　　(b)四边形单元

图 6-1　控制体示意

将待求变量布置在控制体中心,假定单元在 z 方向上为单位厚度,将控制方程沿控制体积积分,可以得到:

$$\oint_V \frac{\partial(\rho\varphi)}{\partial t}dV + \oint_V \left(\frac{\partial(\rho u\varphi)}{\partial x} + \frac{\partial(\rho v\varphi)}{\partial y}\right)dV$$

$$= \oint_V \left[\frac{\partial}{\partial x}(\Gamma_\varphi\frac{\partial\varphi}{\partial x}) + \frac{\partial}{\partial y}(\Gamma_\varphi\frac{\partial\varphi}{\partial y})\right]dV + \oint_V S_\varphi dV \tag{6-3}$$

根据高斯散度定理,有

$$\oint_V \frac{\partial(\rho\varphi)}{\partial t}dV + \oint_\Omega \left[(\rho u\varphi)\frac{n_x}{|n_{1j}|} + (\rho v\varphi)\frac{n_y}{|n_{1j}|}\right]d\Omega$$

$$= \oint_\Omega \left(\Gamma_\varphi\frac{\partial\varphi}{\partial x}\frac{n_x}{|n_{1j}|} + \Gamma_\varphi\frac{\partial\varphi}{\partial y}\frac{n_y}{|n_{1j}|}\right)d\Omega + \oint_V S_\varphi dV \tag{6-4}$$

式中:n_x、n_y 分别为 n_{1j} 在 x、y 方向的分量。

假定在控制体界面 e 上,积分变量 φ、u、v、ρ 等均为常量,且等于积分点处的值。考虑到控制体在 z 方向上厚度为"1",可以对控制方程中各项进行进一步简化。

6.3.1.1 瞬态项

用时变项的差商代替微商,然后进行空间积分,可得:

$$
\oint_V \frac{\partial(\rho\varphi)}{\partial t}\mathrm{d}V
$$

$$
= \oint_\Omega \frac{\partial(\rho\varphi)}{\partial t}\mathrm{d}\Omega
$$

$$
= \oint_\Omega \left[\frac{(\rho\varphi)_P - (\rho\varphi)_P^0}{\Delta t}\right]\mathrm{d}\Omega
$$

$$
= \frac{(\rho\varphi)_P - (\rho\varphi)_P^0}{\Delta t}A_{CV} \tag{6-5}
$$

式中: A_{CV} 为控制体面积; Δt 为时间步长。

6.3.1.2 对流扩散项

对流项的离散是对流扩散方程离散的难点之一,也是数值模拟领域关注的重点。不同的格式,对计算精度和数值稳定性有很大影响。在此暂采用一阶迎风格式进行离散。

$$
\oint_\Omega \left[(\rho u\varphi)\frac{n_x}{|n_{1j}|} + (\rho v\varphi)\frac{n_y}{|n_{1j}|}\right]\mathrm{d}\Omega
$$

$$
= \oint_\Gamma \left[(\rho u\varphi)\frac{n_x}{|n_{1j}|} + (\rho v\varphi)\frac{n_y}{|n_{1j}|}\right]\mathrm{d}S \tag{6-6}
$$

$$
= \sum_{j=1}^{N_{ED}} \left[(\rho u\varphi)\Delta y - (\rho v\varphi)\Delta x\right]_{ej}
$$

$$
= \sum_{j=1}^{N_{ED}} \left[-(\min(F_{ej},0) + F_{ej})\varphi_P + (\min(F_{ej},0))\varphi_E\right]
$$

式中: $F_{ej} = \left[(\rho u)\Delta y - (\rho v)\Delta x\right]_{ej}$ 为控制体界面上的质量流量,其值既有可能为负(对于流进控制体, $F_{ej} > 0$),也有可能为正(对于流出控制体, $F_{ej} < 0$)。 $\sum_{j=1}^{N_{ED}} F_{ej}$ 为进出单元的残余质量流量,在计算过程中通常用 $\sum_{j=1}^{N_{ED}} F_{ej}$ 作为迭代收敛的判别标准。

6.3.1.3 扩散项的离散

扩散项可以分为沿 PE 连线的正交扩散项 D_j^n 和垂直于 PE 连线的交叉扩散项 D_j^c 。正交扩散项 D_j^n 的计算较为简单,可采用具有二阶精度的中心差分格式离散,但交叉扩散项 D_j^c 计算较为困难,目前还没有办法准确计算这一项。实际上,当计算网格接近正交时,界面上交叉扩散项 D_j^c 几乎为 0 ,扩散通量近似等于正交扩散项 D_j^n ,此时可只考虑正交扩散项。据此可将扩散项离散为

$$
D_j^n = \oint_\Omega \left(\Gamma_\varphi \frac{\partial\varphi}{\partial x}\frac{n_x}{|n_{1j}|} + \Gamma_\varphi \frac{\partial\varphi}{\partial y}\frac{n_y}{|n_{1j}|}\right)\mathrm{d}\Omega
$$

$$
= \oint_\Gamma \left(\Gamma_\varphi \frac{\partial\varphi}{\partial x}\frac{n_x}{|n_{1j}|} + \Gamma_\varphi \frac{\partial\varphi}{\partial y}\frac{n_y}{|n_{1j}|}\right)\mathrm{d}S \tag{6-7}
$$

$$
= \sum_{j=1}^{N_{ED}} (\Gamma_\varphi)_{ej} \left(\frac{\varphi_E - \varphi_P}{|d_j|}\frac{d_j n_{1j}}{|d_j|}\right)
$$

式中：d_j 为向量 $\overrightarrow{PE}$；$(\Gamma_\varphi)_{ej}$ 为界面处的扩散系数，可由 P、E 处的值线性插值得到。

在计算过程中，如果能够保证计算网格为准正交网格，可以近似忽略交叉扩散项。但在实际工程计算过程中，计算区域一般较为复杂，区域内网格正交性难以得到保证，交叉扩散项总是存在，因此在计算扩散项时必须考虑交叉扩散项。为尽量减小误差，可采用文献[2]中提到的方法计算交叉扩散项：

$$D_j^c = -\sum_{j=1}^{N_{ED}} (\Gamma_\varphi)_{ej}\left(\frac{\varphi_{C2} - \varphi_{C1}}{|n_{1j}|}\frac{n_{1j}n_{2j}}{|n_{2j}|}\right) \tag{6-8}$$

式中：n_{2j} 为向量 $\overrightarrow{PE}$ 的法线；φ_{C1}、φ_{C2} 分别为节点 1、2 处的变量值。

由于 Delaunay 三角化方法生成的单元都接近正三角形，PE 和 n_{1j} 的夹角一般不大，交叉扩散项 D_j^c 一般远小于正交扩散项 D_j^n，所以在计算过程中可以把其归为源项。综合式(6-6)和式(6-7)，可以将离散后的扩散项写为

$$D_j = D_j^n + D_j^c = \sum_{j=1}^{N_{ED}}\left[(\Gamma_\varphi)_{ej}\left(\frac{\varphi_E - \varphi_P}{|d_j|}\frac{d_jn_{1j}}{|d_j|}\right) - (\Gamma_\varphi)_{ej}\left(\frac{\varphi_{C2} - \varphi_{C1}}{|n_{1j}|}\frac{n_{1j}n_{2j}}{|n_{2j}|}\right)\right] \tag{6-9}$$

6.3.1.4　源项的处理

对于源项 S，它通常是时间和物理量 φ 的函数。为了简化处理，将源项线性化，并沿控制体积分，即

$$\oiint_V S_\varphi \mathrm{d}V = \oiint_\Omega S_\varphi \mathrm{d}\Omega = (S_C + S_P\varphi_P)A_{CV} \tag{6-10}$$

6.3.1.5　时间积分处理

1）显格式

如果取 φ_P 为待求变量，φ_{Ej} 为上一时段的计算值 φ_{Ej}^0。将瞬态项、对流项、扩散项和源项的离散式代入通用控制方程式(6-2)，即可得到显式的求解格式。

$$A_P\varphi_P = \sum_{j=1}^{N_{ED}} A_{Ej}\varphi_{Ej}^0 + b_0 \tag{6-11}$$

其中：

$$A_{Ej} = -\min(F_{ej}, 0) + (\Gamma_\varphi)_{ej}\frac{d_jn_{1j}}{|d_j|^2}$$

$$A_P = \frac{\rho A_{CV}}{\Delta t} + \sum_{j=1}^{N_{ED}} A_{Ej} - \sum_{j=1}^{N_{ED}} F_{ej} - S_P A_{CV}$$

$$b_0 = \frac{\rho A_{CV}}{\Delta t}\varphi^0 + S_C A_{CV} - \sum_{j=1}^{N_{ED}}\left[(\Gamma_\varphi)_{ej}\frac{\varphi_{C2}^0 - \varphi_{C1}^0}{|n_{1j}|}\frac{n_{1j}n_{2j}}{|n_{2j}|}\right]$$

从显格式的离散方程可以看出，离散方程求解时只用到上一时段的值，因此不需要进行迭代求解。从起始时刻开始，每隔一定的时间步长 Δt，求解一次方程式(6-11)，即可求得变量值 φ_P。离散方程的显格式虽然求解简单，方程编制也相对容易，在求解强非恒定流问题时可获取比隐格式算法更高的精度。但是显格式是条件稳定的，数值解稳定性受时间步长限制。此外，对于一些可以近似简化为梯级恒定流的问题，如天然河道长时期的冲淤计算，显式的求解格式因受时间步长限制，无法概化，因而计算效率较低。

2)隐格式

相对于显式算法而言,隐式算法可以摆脱时间步长的限制,节约计算时间,因此在河流数值模拟计算中应用较多,如河道内的水流运动计算、冲淤计算等。取 φ_P 、φ_{Ej} 均为待求变量,将瞬态项、对流项、扩散项和源项的离散式代入通用控制方程式(6-2)即可得到。全隐式的求解格式:

$$A_P \varphi_P = \sum_{j=1}^{N_{ED}} A_{Ej} \varphi_{Ej} + b_0 \tag{6-12}$$

离散方程式(6-12)的系数同方程式(6-11)。从隐格式的离散方程组可以看出,不同单元上待求变量相互关联,采用直接法求解较为困难,因此一般采用迭代法求解。从数学意义上来讲,线性方程组迭代收敛的条件为

$$\frac{\sum_{j=1}^{N_{ED}} A_{Ej}}{A_P} \leqslant 1 \tag{6-13}$$

值得注意的是,满足式(6-14)能保证线性方程组(6-13)收敛,但并不能保证能求得对流扩散方程的收敛解。这是因为天然河道内的水流及其输移物质的运动是非常复杂的非线性问题,方程组的系数往往与待求变量(流速)有关,且在求解过程中不同变量之间相互影响,极易出现不稳定情况。目前只能依靠经验方法通过控制线性方程组的收敛速度来提高格式的稳定性。常用的方法是松弛法。对方程(6-13)引入松弛因子,可得:

$$\frac{A_P}{\alpha_1} \varphi_P = \sum_{j=1}^{N_{ED}} A_{Ej} \varphi_{Ej} + b_0 + (1 - \alpha_1) \frac{A_P}{\alpha_1} \varphi_P^0 \tag{6-14}$$

6.3.2　有限体积法离散原则

对于有限体积法,Patankar S. V. 曾总结了四条判别规则,是控制方程离散必须注意的问题。对此,文献[3]作了详细的描述。

6.3.2.1　控制体界面连续性原则

在离散方程组中,界面处通量(包括热通量、质量通量、动量通量)的表达式必须相同。采用有限体积法离散方程时,在时间和空间上均采用积分方式获取离散方程,因此控制体内部的守恒性容易保证,但在计算界面通量时容易引入误差。例如,对如图 6-2 所示的控制体,当采用 PE 之间线性分布来计算控制体界面 e 处的扩散通量 $\Gamma \frac{\partial \varphi}{\partial x}$ 时,$\Gamma \frac{\partial \varphi}{\partial x}$ 在界面 e 处总是连续的。但是,当采用二次曲线或其他高次分布计算界面扩散通量时,采用过 W、P、E 的二次曲线的计算结果 $\left(\Gamma \frac{\partial \varphi}{\partial x}\right)_{WPE}$ 和采用过 P、E、S 的二次曲线的计算结果 $\left(\Gamma \frac{\partial \varphi}{\partial x}\right)_{PES}$ 不相等,这是由两次计算梯度项的表达式不同而导致的。因此,在控制方程离散时,同一界面处通量(包括热通量、质量通量、动量通量)从界面两侧写出来时表达式必须一致,才能保证从一个控制体流出的通量,等于通过该界面进入相邻控制体积的通量。对式(6-14)所示的离散方程,由于在计算界面通量 F_{ej} 和界面处扩散系数 $(\Gamma_\varphi)_{ej}$ 时均采用了线性插值方式,因此界面的连续性能够满足。

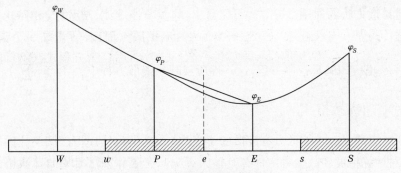

图 6-2　界面通量插值示意

6.3.2.2　正系数原则

在离散方程中,所有变量的系数必须恒为正值。对自然界的流动或与其相关的物质和能量输移问题,求解域内的任一区域总通过对流或扩散过程与其邻近区域进行物质和能量交换,求解域内任一点物理量发生某种变化后,其周围物理量必然会呈现相同的变化趋势。也就是说,求解域内任一点变量值的增加必然会引起周围相应变量的值也增加,而不是减小,这种现象反映在离散方程上,就是系数 A_P 与 A_{Ej} 必须恒为正值。若违背这一原则,往往得不到物理上的真实解。例如,在传热问题中,如果一个控制体相邻单元的系数为负值,就可能出现某一区域温度增加却引起相邻区域温度降低的不真实现象。因此,在求解流动问题时,必须满足正系数原则。对式(6-14)所示的离散方程,系数 A_{Ej} 恒为正值,但是系数 A_P 中源项系数 S_P 和单元残余质量 $\sum_{j=1}^{N_{ED}} F_{ej}$ 的正、负尚未确定。对 S_P,在源项线性化时一般规定取负斜率,因此它在 A_P 中是以正值的形式出现;对 $\sum_{j=1}^{N_{ED}} F_{ej}$,在迭代过程中其值可能为正,也可能为负,且随着迭代的收敛,其值趋近于 0。虽然如此,在求解过程中,为防止 $\sum_{j=1}^{N_{ED}} F_{ej}$ 出现较大的负值,导致流场求解失败,常常在流场求解之前将 $\sum_{j=1}^{N_{ED}} F_{ej}$ 作 0 处理。值得说明的是,这样做不但可以保证离散方程满足正系数规则,而且可以在迭代过程中将未能满足连续方程的误差从系数 A_P 中消除掉,促使迭代更好的收敛。迭代收敛后,残余质量误差为 0,舍去 $\sum_{j=1}^{N_{ED}} F_{ej}$ 的误差也将会消除。

6.3.2.3　源项负斜率线性化原则

前文在离散源项时,对其进行了线性化处理。从离散方程式(6-14)来看,为满足正系数原则,线性化时应保证源项斜率为负。实际上,对大多数的物理过程而言,源项与待求变量也存在负斜率的关系。例如:对热传导问题,若源项斜率为正,某点温度升高,热源也会增加,热源增加必将导致该点温度进一步升高,系统就会失去稳定。因此,源项负线性化也反映了大多数物理过程的客观规律。

6.3.2.4　相邻节点系数和原则

从对流扩散方程的通用微分方程可以看出,除源项外,控制方程完全由待求变量 φ 的导数项组成。对于一个无源控制($S_P = 0$)的对流扩散方程,若 φ 增加一个常数,变成 $\varphi + C$, $\varphi + C$ 也应该满足控制方程,这一性质反映在离散方程中为 $A_P = \sum\limits_{j=1}^{N_{ED}} A_{Ej}$ 。

6.3.3　对流项离散格式

对流项的离散是对流扩散方程离散的难点之一,也是数值模拟领域关注的重点。不同的格式,对计算精度和数值稳定性都有很大影响。有限体积法常用的离散格式有中心差分格式、一阶迎风格式、混合格式、指数格式和乘方格式。表 6-2 给出了采用不同离散格式所得到的控制方程系数(表中 $\sum\limits_{j=1}^{N_{ED}} F_{ej}$ 已作 0 处理)。

表 6-2　不同离散格式下系数 A_{Ej} 和 A_P 的计算公式

离散格式	系数 A_{Ej}	系数 A_P
中心差分格式	$-\dfrac{F_{ej}}{2} + D_j^n$	$\dfrac{\rho A_{CV}}{\Delta t} - S_P A_{CV} + \sum\limits_{j=1}^{N_{ED}} A_{Ej}$
一阶迎风格式	$-\min(F_{ej}, 0) + D_j^n$	$\dfrac{\rho A_{CV}}{\Delta t} - S_P A_{CV} + \sum\limits_{j=1}^{N_{ED}} A_{Ej}$
混合格式	$-\min\left(0, F_{ej}, \dfrac{F_{ej}}{2} - D_j^n\right)$	$\dfrac{\rho A_{CV}}{\Delta t} - S_P A_{CV} + \sum\limits_{j=1}^{N_{ED}} A_{Ej}$
指数格式	$D_j^n \dfrac{\exp\left(\dfrac{\|F_{ej}\|}{D_j^n}\right)}{\exp\left(\dfrac{\|F_{ej}\|}{D_j^n}\right) - 1} - \min(F_{ej}, 0)$	$\dfrac{\rho A_{CV}}{\Delta t} - S_P A_{CV} + \sum\limits_{j=1}^{N_{ED}} A_{Ej}$
乘方格式	$D_j^n \max\left[0, \left(1 - 0.1\left\|\dfrac{F_{ej}}{D_j^n}\right\|\right)^{0.5}\right] - \min(F_{ej}, 0)$	$\dfrac{\rho A_{CV}}{\Delta t} - S_P A_{CV} + \sum\limits_{j=1}^{N_{ED}} A_{Ej}$

在上述离散格式中,中心差分格式具有二阶精度。但由于经过控制体界面的通量 F_{ej} 既有可能为负($F_{ej} < 0$;流入控制体),也有可能为正($F_{ej} > 0$,流出控制体),这都有可能使离散方程不满足正系数原则,造成求解失败。因此,一般不能采用中心差分格式作为对流项的离散格式。

相对于中心差分格式而言,一阶迎风格式离散方程系数永远为正,因而一般不会引起解的震荡,可得到物理上看起来合理的解,也正是这一点使一阶迎风格式得到了广泛的应用。除一阶迎风格式外,另外几种格式,如混合格式、指数格式和乘方格式等,也能保证离散方程系数永远为正,因此在控制方程离散时也有运用。

除上述格式外,不少研究者还提出了一些高精度的数值格式,但是鉴于非结构网格的复杂性,现有的许多高精度格式尚难以直接应用于非结构网格。从实际应用来看,对于河道或水利工程中大尺度水体运动的数值模拟,一阶迎风格式应用较多,也基本能够满足精度要求。

6.4　流速场求解算法

前面基于有限体积法探讨了对流扩散方程的离散。对流扩散方程求解的前提是流速场已知,但实际上,在求解变量 φ 之前,流速场是未知的,且往往是求解任务之一。对流速场的求解,首先想到的方法是在对流扩散方程中,用 φ 代替动量方程中的 u、v(二维问题),然后进行求解。但是在连续方程中,待求变量 $\varphi = 1$,因此无法按照通用控制方程的形式离散求解。此外,在动量方程中,压强梯度项是未知的,且压强项只出现在动量方程中,在连续方程中不存在,没有可直接用于求解压强的方程。因此,在求解流场的过程中,尚需对现有方程进行处理。目前,应用最为广泛的处理方法是 Patanker 和 Spalding 提出的 SIMPLE 算法。SIMPLE 算法求解流场的基本思想就是利用质量守恒方程构建压强修正方程,在求解时首先给全场赋初始的猜测压强场,通过反复求解动量方程和压强修正方程,对初始压强不断修正得到最终解。

6.4.1　确定变量布置

前面已经提到,采用 SIMPLE 算法求解流场是利用质量守恒方程使假定的压强场能够通过迭代过程不断地接近真解。但是,由于流速在连续方程中、压强在动量方程中都是一阶导数项,如果简单地将各个变量置于同一套网格上,当压强出现间跃式分布时,离散方程在求解过程中无法检测出波形压强场。为了避免在数值求解过程中出现间跃式压强场,过去最常见的办法是采用交错网格把标量存储于网格节点上,而把流速等向量存储于控制体界面上(见图6-3)。虽然交错网格较好地处理了连续性方程中速度一阶导数和运动方程中压强一阶导数的计算,克服了间跃式压强场的存在。但是由于交错网格存储变量的位置不同,相应地也需要多套网格来适应编程的需要,因而程序编制比较复杂,尤其是对基于非结构网格的数值模拟,交错网格的不便之处更是暴露无疑。因此,要在非结构网格上使用目前比较成熟的 SIMPLE 算法进行水流运动的数值模拟,必须引进同位网格的思想。所谓同位网格,就是将所有变量布置在同一套网格上(见图6-4),然后在控制体界面上通过动量插值实现流速与压强耦合关系的处理。本章主要介绍基于同位网格的 SIMPLE 算法。

6.4.2　运动方程离散

以基于非结构网格的二维问题为例,按照通用控制方程的离散方法对动量方程进行

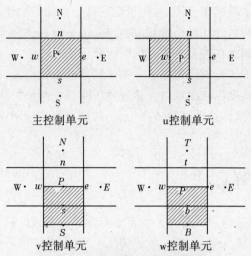

图 6-3　交错网格变量布置示意

离散。离散时将流速变量 (u,v) 视为待求变量

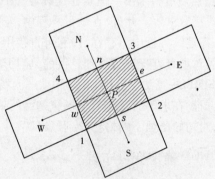

φ。将 $\sum\limits_{j=1}^{N_{ED}} F_{ej}$ 作 0 处理,此外考虑到压强项的

特殊性,将其从源项中分离出来,可得:

$$A_P \varphi_P = \sum_{j=1}^{N_{ED}} A_{Ej} \varphi_{Ej} + b_0$$

其中:

$$A_{Ej} = \max(-F_{ej}, 0) + \Gamma_\varphi \frac{d_j n_{1j}}{|d_j|^2}$$

$$A_P = \frac{\rho A_{CV}}{\Delta t} + \sum_{j=1}^{N_{ED}} A_{Ej} - S_P A_{CV}$$

图 6-4　同位网格变量布置示意

$$b_0 = \frac{\rho A_{CV}}{\Delta t} \varphi^0 + S_C A_{CV} - \sum_{j=1}^{N_{ED}} \left[p_{ej} n_{1j} + \Gamma_\varphi \frac{\varphi_{C2}^0 - \varphi_{C1}^0}{|n_{1j}|} \frac{n_{1j} n_{2j}}{|n_{2j}|} \right]$$

6.4.3　压强修正方程

采用基于非结构同位网格的 SIMPLE 算法来处理流速和压强的耦合关系,引入界面流速计算式和流速修正式如下:

$$u_e = \frac{1}{2}(u_P + u_E) - \frac{1}{2} \left[\left(\frac{A_{CV}}{A_P}\right)_P + \left(\frac{A_{CV}}{A_P}\right)_E \right] \left[\frac{p_E - p_P}{|d_e|} - \frac{1}{2}(\nabla p_P + \nabla p_E) \frac{d_e}{|d_e|} \right] \frac{n_{1j}}{|n_{1j}|}$$

$$\tag{6-15}$$

$$u'_e = \frac{1}{2} \left[\left(\frac{A_{CV}}{A_P}\right)_P + \left(\frac{A_{CV}}{A_P}\right)_E \right] \left[\frac{p'_P - p'_E}{|d_e|} \right] \frac{n_{1j}}{|n_{1j}|} \tag{6-16}$$

式中:p'_P、p'_E 分别为控制体 P、E 的压强修正值;A_P 为动量方程的主对角元系数。

由初始压强场得到的界面流速 u_e^*,经 u_e 修正后方能满足连续方程。将 $u_e^* + u_e$ 代入连续方程中,可得到压强修正方程。

$$A_P^P \varphi_P = \sum_{j=1}^{N_{ED}} A_{Ej}^P \varphi_{Ej} + b_0^P \tag{6-17}$$

式中：上标 P 表示压强修正方程系数。

其中：

$$A_{Ej}^P = \frac{1}{2}\rho\left[\left(\frac{A_{CV}}{A_P}\right)_P + \left(\frac{A_{CV}}{A_P}\right)_E\right]\frac{n_{1j}}{|n_{1j}|}$$

$$A_P^P = \sum_{j=1}^{N_{ED}} A_{Ej}^P$$

$$b_0^P = \sum_{j=1}^{N_{ED}} F_{ej}$$

6.4.4　修正压强和流速

在获得压强修正值 p_P' 以后，按以下方式修正压强和速度：

$$p_P = p_P^* + \alpha_2 p_P' \tag{6-18}$$

$$u_P = u_P^* - \frac{A_{CV}}{A_P}\nabla p_P' = u_P^* - \sum_{j=1}^{N_{ED}} \frac{p_j' n_{1j}}{A_P} \tag{6-19}$$

式中：α_2 为压强的欠松弛因子。

6.4.5　流场求解步骤

采用 SIMPLE 算法求解流场的主要步骤如下：

(1)给全场赋以初始的猜测压强场；

(2)计算动量方程系数，求解动量方程；

(3)计算压强修正方程的系数，求解压强修正值，更新压强和流速；

(4)根据单元残余质量流量和全场残余质量流量判断是否收敛。

6.5　数学模型基本方程离散

6.5.1　一维非恒定流模型

6.5.1.1　控制方程

采用一维非恒定水流运动数学模型描述计算河段的水流运动，控制方程如下：

水流连续方程

$$B\frac{\partial z}{\partial t} + \frac{\partial Q}{\partial x} = q_l$$

水流运动方程

$$\frac{\partial Q}{\partial t} + 2\frac{Q}{A}\frac{\partial Q}{\partial x} - \frac{BQ^2}{A^2}\frac{\partial z}{\partial x} - \frac{Q^2}{A^2}\frac{\partial A}{\partial x}\bigg|_z = -gA\frac{\partial z}{\partial x} - \frac{gn^2 Q|Q|}{A(A/B)^{4/3}}$$

式中：x 为沿流向的坐标；t 为时间；Q 为流量；z 为水位；A 为过水断面面积；B 为河宽；q_l

为沿程单位河长的流量变化;n 为糙率。

将悬移质泥沙分为 M 组,以 S_k 表示第 k 组泥沙的含沙量,可得悬移质泥沙的不平衡输沙方程:

$$\frac{\partial(AS_k)}{\partial t} + \frac{\partial(QS_k)}{\partial x} = -\alpha\omega_k B(S_k - S_{*k})$$

将以推移质运动为主的泥沙归为一组,采用平衡输沙法计算推移质输沙率方程:

$$q = q_{b*}$$

式中:q 为单宽推移质输沙率;q_{b*} 为单宽推移质输沙能力,可由已有的经验公式计算。

河床变形方程:

$$\gamma' \frac{\partial A}{\partial t} = \sum_{k=1}^{M} \alpha\omega_k B(S_k - S_{*k}) - \frac{\partial B q_b}{\partial x}$$

6.5.1.2　控制方程离散

选择如图 6-5 所示的计算河段为控制体,采用有限体积法对水流运动数学模型的控制方程进行离散,用 SIMPLE 算法处理流量与水位的耦合关系。

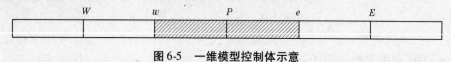

图 6-5　一维模型控制体示意

1)水流运动方程

将水流运动方程沿控制体积分,其中对流项采用延迟修正的二阶格式,水流运动方程的离散形式如下:

$$A_P \varphi_P = A_W \varphi_W + A_E \varphi_E + b_0 \tag{6-20}$$

其中:

$$A_W = \max(F_w, 0)$$

$$A_E = \max(-F_e, 0)$$

$$A_P = A_W + A_E + \frac{\Delta x}{\Delta t} + g \frac{n^2 |Q|}{A(A/B)^{3/4}} \Delta x$$

$$b_0 = \left(\frac{BQ^2}{A^2} - gA\right)^0 (z_E - z_W) + \frac{Q^0}{\Delta t}\Delta x + \left(\frac{Q^2}{A^2}\right)^0 (A_E - A_W) + (F_e - F_w)Q^0$$

式中:φ 为通用控制变量;F_w、F_e 为界面质量流量;Δx 为控制体长度;Δt 为计算时间步长;上标 0 表示变量采用上一时间层次的计算结果。

在求解过程中,为增强计算格式的稳定性,采用了欠松弛技术,将速度欠松弛因子 α_0 代入式(6-20)即可得到运动方程的最终离散形式:

$$\frac{A_P}{\alpha_0} \varphi_P = A_W \varphi_W + A_E \varphi_E + b_0 + (1 - \alpha_0) \frac{A_P}{\alpha_0} \varphi^0 \tag{6-21}$$

2)水位修正方程

根据动量插值的思想,引入界面流量计算式和流量修正计算式如下:

$$Q_w = \frac{1}{2}(Q_P + Q_W) - \frac{1}{2}g\left[\left(\frac{A}{A_P}\right)_P + \left(\frac{A}{A_P}\right)_W\right](z_P - z_W) \tag{6-22}$$

$$Q'_w = -\frac{1}{2}g\left[\left(\frac{A}{A_P}\right)_P + \left(\frac{A}{A_P}\right)_W\right](z'_P - z'_W) \tag{6-23}$$

$$Q_e = \frac{1}{2}(Q_P + Q_E) - \frac{1}{2}g\left[\left(\frac{A}{A_P}\right)_P + \left(\frac{A}{A_P}\right)_E\right](z_E - z_P) \tag{6-24}$$

$$Q'_e = -\frac{1}{2}g\left[\left(\frac{A}{A_P}\right)_P + \left(\frac{A}{A_P}\right)_E\right](z'_E - z'_P) \tag{6-25}$$

式中：A_P 为运动方程离散形式主对角元系数。

将求解运动方程所得的流速初始值和上一层次的水位初始值代入上式，即可得到界面流速 Q_w^*、Q_e^*，将 $Q_w^* + Q'_w$、$Q_e^* + Q'_e$ 代入连续方程，即可得到水位修正方程如下：

$$A_P^P z'_P = A_W^P z'_W + A_E^P z'_E + b_0^P \tag{6-26}$$

式中：上标 P 为水位修正方程的系数，且

$$A_W^P = \frac{1}{2}g\left[\left(\frac{A}{A_P}\right)_P + \left(\frac{A}{A_P}\right)_W\right]$$

$$A_E^P = \frac{1}{2}g\left[\left(\frac{A}{A_P}\right)_P + \left(\frac{A}{A_P}\right)_E\right]$$

$$A_P^P = A_W^P + A_E^P + B\frac{\Delta x}{\Delta t}$$

$$b_0^P = q_l\Delta x + Q_w^* - Q_e^*$$

在求得水位修正值之后，分别按照下式修正水位和速度：

$$\left.\begin{array}{l} z_P = z_P^* + \alpha_1 z'_P \\[2mm] u'_P = -g\frac{A}{A_P}(z'_E - z'_W) \end{array}\right\} \tag{6-27}$$

3）悬移质不平衡输沙方程

将悬移质不平衡输沙方程沿控制体积分，可得离散方程如下：

$$A_P^S S_{kP} = A_W^S S_{kW} + A_E^S S_{kE} + b_0^S \tag{6-28}$$

其中：

$$A_W^S = \max(F_w, 0)$$

$$A_E^S = \max(-F_e, 0)$$

$$A_P^S = A_W^S + A_E^S + \frac{A\Delta x}{\Delta t} + \alpha\omega_k B\Delta x$$

$$b_0^S = \frac{A\Delta x}{\Delta t}S_{kP}^0 + \alpha\omega_k B\Delta x S_{*k}$$

6.5.2　平面二维模型

6.5.2.1　控制方程

以 u、v 分别表示 x、y 方向的水深平均流速，直角坐标系中平面二维数学模型的控制方程包括：

水流连续方程

$$\frac{\partial Z}{\partial t} + \frac{\partial Hu}{\partial x} + \frac{\partial Hv}{\partial y} = q \tag{6-29}$$

水流动量方程

$$\frac{\partial Hu}{\partial t} + \frac{\partial Hu^2}{\partial x} + \frac{\partial Huv}{\partial y} = -gH\frac{\partial Z}{\partial x} - g\frac{n^2\sqrt{u^2+v^2}}{H^{\frac{1}{3}}}u + \frac{\partial}{\partial x}\left(\nu_T\frac{\partial Hu}{\partial x}\right) +$$

$$\frac{\partial}{\partial y}\left(\nu_T\frac{\partial Hu}{\partial y}\right) + \frac{\tau_{sx}}{\rho} + f_0 Hv + qu_0 \tag{6-30}$$

$$\frac{\partial Hv}{\partial t} + \frac{\partial Huv}{\partial x} + \frac{\partial Hv^2}{\partial y} = -gH\frac{\partial Z}{\partial y} - g\frac{n^2\sqrt{u^2+v^2}}{H^{\frac{1}{3}}}v + \frac{\partial}{\partial x}\left(\nu_T\frac{\partial Hv}{\partial x}\right) +$$

$$\frac{\partial}{\partial y}\left(\nu_T\frac{\partial Hv}{\partial y}\right) + \frac{\tau_{sy}}{\rho} - f_0 Hu + qv_0 \tag{6-31}$$

悬移质泥沙输移方程

$$\frac{\partial HS_i}{\partial t} + \frac{\partial uHS_i}{\partial x} + \frac{\partial vHS_i}{\partial y} = \frac{\partial}{\partial x}\left(\nu_{TS}\frac{\partial HS_i}{\partial x}\right) + \frac{\partial}{\partial y}\left(\nu_{TS}\frac{\partial HS_i}{\partial y}\right) - \alpha\omega_i(S_i - S_{*i}) \tag{6-32}$$

河床变形方程

$$\gamma'\frac{\partial Z_0}{\partial t} = \sum_{i=1}^{M}\alpha\omega_i(S_i - S_{*i}) + \frac{\partial q_{bx}}{\partial x} + \frac{\partial q_{by}}{\partial y} \tag{6-33}$$

式中：Z、Z_0 分别为水位与河底高程；q 为单位面积的源汇强度；H 为水深；n 为糙率；g 为重力加速度；ν_T 为水流湍动扩散系数；f_0 为科氏力系数，$f_0 = 2\omega_0\sin\psi$，ω_0 为地球自转角速度；ψ 为计算区域的地理纬度；ρ 为水流密度；u_0、v_0 分别为水深平均源汇速度在 x、y 方向的分量；τ_{sx} 和 τ_{sy} 分别表示 x、y 方向的水面风应力；S_{*i} 为第 i 组悬移质泥沙的水流挟沙力；ν_{TS} 为泥沙扩散系数；ω_i 为第 i 组悬移质泥沙颗粒的沉速；q_{bx}、q_{by} 分别为 x 和 y 方向上的推移质输沙率。

6.5.2.2 网格布置

为提高计算程序对复杂区域的适应能力，选择混合网格作为二维数模的计算网格。

6.5.2.3 控制方程离散

选择混合网格中边长数为 N_{ED} 的多边形单元为控制体，如图 6-1 所示。

1）动量方程的离散

对流项和扩散项的离散是求解水流运动方程的难点。对流项的离散格式直接决定了算法的稳定性和计算精度。在本书中，对流项的离散采用一阶迎风格式。沿控制体界面上扩散项的总通量可以分为沿 PE 连线的法向扩散项 D_{ej}^n 和垂直于 PE 连线的交叉扩散项 D_{ej}^c。对于准正交的非结构网格，通过控制体界面上的交叉扩散项一般很小，可以忽略，随着网格奇异度的增加，交叉扩散项也逐渐增加，但目前尚无办法准确计算这一项[3]。建议在工作中，一方面尽可能减少网格的奇异度，另一方面采用文献[4]的处理方法来计算交叉扩散项。动量方程最终的离散形式如下：

$$A_P\varphi_P = \sum_{j=1}^{N_{ED}} A_{Ej}\varphi_{Ej} + b_0$$

其中：

$$A_{Ej} = -\min(F_{ej}, 0) + \nu_T H_{ej}\frac{d_j n_{1j}}{|d_j|^2}$$

$$A_P = \sum_{j=1}^{N_{ED}} A_{Ej} + g\,\frac{n^2\sqrt{u^2+v^2}}{H^{1/3}}A_{CV} + \frac{H}{\Delta t}A_{CV}$$

$$b_0 = -\sum_{j=1}^{N_{ED}}\left[gHZ_{ej}n_{1j} + \nu_T\left(H_{ej}\frac{\varphi_{C2}-\varphi_{C1}}{|l_{12}|}\frac{n_{1j}n_{2j}}{|n_{2j}|}\right)\right] + \frac{H}{\Delta t}A_{CV}\varphi_P^0 + b_0^{uv}$$

式中：d_j 为向量 $\overrightarrow{PE}$；n_{2j} 为向量 $\overrightarrow{PE}$ 的法线；l_{12} 为边界 12 的长度；n_{1j} 为界面的法方向；F_{ej} 为界面处的质量流量；A_{CV} 为控制体的面积；H_{ej} 为控制体界面上的水深；Z_{ej} 为控制体界面上的水位；b_0^{uv} 表示由风应力、科氏力等形成的源项。

源项 b_0 中等号右边第二项为交叉扩散项，上标 0 表示括号内的项采用上一层次的计算结果。

在求解过程中，为了增强计算格式的稳定性，采用了欠松弛技术。将速度欠松弛因子 α_1 直接代入上式即可得到离散后的动量方程为

$$\frac{A_P}{\alpha_1}\varphi_P = \sum_{j=1}^{N_{ED}} A_{Ej}\varphi_{Ej} + b_0 + (1-\alpha_1)\frac{A_P}{\alpha_1}\varphi_P^0$$

2）水位修正方程

在非结构网格中，由于网格形状的特殊性和网格编号的复杂性，采用交错网格处理流速和水位的耦合关系将会使程序编制变得非常复杂。因此，采用基于非结构同位网格的 SIMPLE 算法处理流速和水位的耦合关系，引入界面流速计算式和流速修正式如下：

$$u_{ej} = \frac{1}{2}(u_P+u_E) - \frac{1}{2}g\left[\left(\frac{HA_{CV}}{A_P}\right)_P + \left(\frac{HA_{CV}}{A_P}\right)_E\right]\left[\frac{Z_E-Z_P}{|d_j|} - \frac{1}{2}(\nabla Z_P+\nabla Z_E)\cdot\frac{d_j}{|d_j|}\right]\frac{n_{1j}}{|n_{1j}|}$$

$$\tag{6-34}$$

$$u'_{ej} = \frac{1}{2}g\left[\left(\frac{HA_{CV}}{A_P}\right)_P + \left(\frac{HA_{CV}}{A_P}\right)_E\right]\left[\frac{Z'_P-Z'_E}{|d_j|}\right]\frac{n_{1j}}{|n_{1j}|} \tag{6-35}$$

式中：u_P、u_E 分别为控制体和其相邻控制体上的流速；Z_P、Z_E 分别为控制体和其相邻控制体上的水位；A_P 为动量方程的主对角元系数。

由求解动量方程得到的流速初始值和上一层次的水位初始值即可得到界面流速 u_{ej}^*。将 $u_{ej}^* + u'_{ej}$ 代入水流连续方程中，沿控制体积分可得水位修正方程为

$$A_P^P Z'_P = \sum_{j=1}^{N_{ED}} A_{Ej}^P Z'_{Ej} + b_0^P \tag{6-36}$$

式中，上标 P 为水位修正方程中的系数，且有

$$A_{Ej}^P = \frac{1}{2}g\left[\left(\frac{HA_{CV}}{A_P}\right)_P + \left(\frac{HA_{CV}}{A_P}\right)_E\right]\frac{|n_{1j}|}{|d_j|}H_{ej}$$

$$A_P^P = \sum_{j=1}^{N_{ED}} A_{Ej}^P + \frac{A_{CV}}{\Delta t}$$

$$b_0^P = -\sum_{j=1}^{N_{ED}}(u_{ej}^* H_{ej})\cdot n_{1j}$$

式中：b_0^P 为流进单元 P 的净质量流量。

在获得水位修正值 Z'_P 以后，分别按如下方式修正水位和速度：

$$Z_P = Z_P^* + \alpha_2 Z_P' \tag{6-37}$$

$$u_P = u_P^* - gH_P \frac{A_{CV}}{A_P} \nabla Z_P' = u_P^* - \sum_{j=1}^{N_{ED}} gH_{ej} \frac{Z_{ej}' n_{1j}}{A_P} \tag{6-38}$$

式中：α_2 为水位的欠松弛因子。

3）悬移质输移方程的离散

参照水流运动方程的离散形式，可以得出第 i 组悬移质不平衡输沙方程的离散形式为

$$A_P^S S_{iP} = \sum_{j=1}^{N_{ED}} A_{Ej}^S S_{iEj} + b_{0i}^S \tag{6-39}$$

其中：

$$A_{Ej}^S = -\min(F_{ej}, 0) + \nu_{TS} H_{ej} \frac{d_j n_{1j}}{|d_j|^2}$$

$$A_P^S = \sum_{j=1}^{N_{ED}} A_{Ej}^S + \alpha \omega_i A_{CV} + \frac{H}{\Delta t} A_{CV}$$

$$b_{0i}^S = \alpha \omega_i S_{iP}^* A_{CV} + \frac{H}{\Delta t} A_{CV} S_{iP}^0$$

6.5.3　水流运动的三维模型

6.5.3.1　控制方程

以 $k - \varepsilon$ 两方程模型封闭雷诺时均运动方程，用 u、v、w 分别表示 x、y、z 方向的时均流速，则直角坐标系中时均运动的控制方程包括：

连续方程

$$\frac{\partial u}{\partial x} + \frac{\partial v}{\partial y} + \frac{\partial w}{\partial z} = 0 \tag{6-40}$$

动量方程

$$\frac{\partial u}{\partial t} + \frac{\partial uu}{\partial x} + \frac{\partial vu}{\partial y} + \frac{\partial wu}{\partial z} = g_x - \frac{1}{\rho} \frac{\partial p}{\partial x} - \frac{2}{3} \frac{\partial k}{\partial x} + \frac{\partial}{\partial x} \left[2(\nu + \nu_T) \frac{\partial u}{\partial x} \right] +$$
$$\frac{\partial}{\partial y} \left[(\nu + \nu_T) \left(\frac{\partial u}{\partial y} + \frac{\partial v}{\partial x} \right) \right] + \frac{\partial}{\partial z} \left[(\nu + \nu_T) \left(\frac{\partial u}{\partial z} + \frac{\partial w}{\partial x} \right) \right] \tag{6-41}$$

$$\frac{\partial v}{\partial t} + \frac{\partial uv}{\partial x} + \frac{\partial vv}{\partial y} + \frac{\partial wv}{\partial z} = g_y - \frac{1}{\rho} \frac{\partial p}{\partial y} - \frac{2}{3} \frac{\partial k}{\partial y} + \frac{\partial}{\partial y} \left[2(\nu + \nu_T) \frac{\partial v}{\partial y} \right] +$$
$$\frac{\partial}{\partial x} \left[(\nu + \nu_T) \left(\frac{\partial u}{\partial y} + \frac{\partial v}{\partial x} \right) \right] + \frac{\partial}{\partial z} \left[(\nu + \nu_T) \left(\frac{\partial v}{\partial z} + \frac{\partial w}{\partial y} \right) \right] \tag{6-42}$$

$$\frac{\partial w}{\partial t} + \frac{\partial uw}{\partial x} + \frac{\partial vw}{\partial y} + \frac{\partial ww}{\partial z} = g_z - \frac{1}{\rho} \frac{\partial p}{\partial z} - \frac{2}{3} \frac{\partial k}{\partial z} + \frac{\partial}{\partial z} \left[2(\nu + \nu_T) \frac{\partial w}{\partial z} \right] +$$
$$\frac{\partial}{\partial x} \left[(\nu + \nu_T) \left(\frac{\partial w}{\partial x} + \frac{\partial u}{\partial z} \right) \right] + \frac{\partial}{\partial y} \left[(\nu + \nu_T) \left(\frac{\partial w}{\partial y} + \frac{\partial v}{\partial z} \right) \right] \tag{6-43}$$

湍动能 k 方程

$$\frac{\partial k}{\partial t} + \frac{\partial uk}{\partial x} + \frac{\partial vk}{\partial y} + \frac{\partial wk}{\partial z} = G_k - \varepsilon + \frac{\partial}{\partial x}\Big[\Big(\nu + \frac{\nu_T}{\sigma_k}\Big)\frac{\partial k}{\partial x}\Big] +$$

$$\frac{\partial}{\partial y}\Big[\Big(\nu + \frac{\nu_T}{\sigma_k}\Big)\frac{\partial k}{\partial y}\Big] + \frac{\partial}{\partial z}\Big[\Big(\nu + \frac{\nu_T}{\sigma_k}\Big)\frac{\partial k}{\partial z}\Big] \tag{6-44}$$

湍动能耗散率 ε 方程

$$\frac{\partial \varepsilon}{\partial t} + \frac{\partial u\varepsilon}{\partial x} + \frac{\partial v\varepsilon}{\partial y} + \frac{\partial w\varepsilon}{\partial z} = \frac{C_{1\varepsilon}\varepsilon}{k}G_k - C_{2\varepsilon}\frac{\varepsilon^2}{k} + \frac{\partial}{\partial x}\Big[\Big(\nu + \frac{\nu_T}{\sigma_\varepsilon}\Big)\frac{\partial \varepsilon}{\partial x}\Big] +$$

$$\frac{\partial}{\partial y}\Big[\Big(\nu + \frac{\nu_T}{\sigma_\varepsilon}\Big)\frac{\partial \varepsilon}{\partial y}\Big] + \frac{\partial}{\partial z}\Big[\Big(\nu + \frac{\nu_T}{\sigma_\varepsilon}\Big)\frac{\partial \varepsilon}{\partial z}\Big] \tag{6-45}$$

式中：p 为时均压强；G_k 为湍动能产生项；g_x、g_y、g_z 分别为 x、y、z 方向的体积力。

6.5.3.2　网格布置

平面网格：为提高离散方程对复杂区域的适应能力，平面网格仍采用混合网格。

垂向网格：已有的三维水沙数学模型垂向多采用直角网格或 σ 坐标网格[5-6]。考虑到 σ 坐标网格存在如下问题：进行坐标变换将使控制方程更为复杂且增加计算量；σ 坐标会导致假流动和假扩散现象[7-8]；进行 σ 坐标变换后在离散方程求解时容易出现不稳定情况。因此，采用直角网格作为垂向网格，如图 6-6 所示。

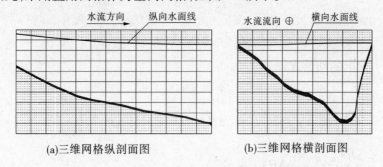

(a)三维网格纵剖面图　　　　　　　(b)三维网格横剖面图

图 6-6　垂向网格布置

6.5.3.3　控制方程离散

顶层控制体的离散方法类似平面二维模型的离散方法，对顶层以下的控制体，选择如图 6-7 所示的多边形棱柱体为控制体，待求变量存储于控制体中心。采用有限体积法对控制方程进行离散，用基于同位网格的 SIMPLE 算法处理水流运动方程中压强和速度的耦合关系。

1）动量方程的离散

将三维水流运动控制方程写成对流扩散方程的通用形式。采用有限体积法进行离散，对流项和扩散项的处理参考了二维模型的方法，其中：x、y 方向上对流项离散采用一阶迎风格式，扩散项的离散采用中心差分格式并计入交叉扩散项的影响；z 方向对流项的离散采用一阶迎风格式，扩散项采用中心差分格式。动量方程最终的离散形式如下：

$$A_P\varphi_P = \sum_{j=1}^{N_{ED}} A_{Ej}\varphi_{Ej} + A_B\varphi_B + A_T\varphi_T + b_0 \tag{6-46}$$

其中：

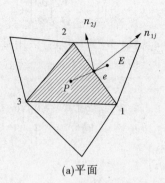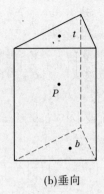

(a)平面　　　　　　　　　　　　　　　(b)垂向

图 6-7　控制体示意

$$A_{Ej} = -\min(F_{ej}, 0) + (\nu + \nu_T) \frac{d_j n_{1j}}{|d_j|^2} \Delta H_{ej}$$

$$A_B = \max(F_b, 0) + (\nu + \nu_T) \left(\frac{A_{CV}}{\Delta H}\right)_b$$

$$A_T = -\min(F_t, 0) + (\nu + \nu_T) \left(\frac{A_{CV}}{\Delta H}\right)_t$$

$$A_P = \sum_{j=1}^{N_{ED}} A_{Ej} + A_B + A_T + \frac{\Delta H A_{CV}}{\Delta t}$$

对 x、y 方向上的动量方程

$$\varphi = (u, v)$$

$$b_0 = -\sum_{j=1}^{N_{ED}} \left[\left(\frac{1}{\rho} p_{ej} + \frac{2}{3} k_{ej}\right) n_{1j} \Delta H_{ej} + (\nu + \nu_T) \left(\Delta H_{ej} \frac{\varphi_{C2} - \varphi_{C1}}{|l_{12}|} \frac{n_{2j} n_{1j}}{|n_{2j}|}\right) \right] +$$

$$\frac{\Delta H A_{CV}}{\Delta t} \varphi_P^0 + g_i \Delta H A_{CV} + b_0^{uv}$$

对 z 方向上的动量方程

$$\varphi = w$$

$$b_0 = \frac{\Delta H A_{CV}}{\Delta t} \varphi_P^0 + g_z \Delta H A_{CV} - \left[\frac{1}{\rho}(p_t - p_b) + \frac{2}{3}(k_t - k_b)\right] A_{CV} + b_0^w$$

式中：ΔH 为控制体的厚度；N_{ED} 为多边形单元的边界数；d_j 为向量 $\overrightarrow{PE}$；n_{2j} 为向量 $\overrightarrow{PE}$ 的法线；l_{12} 为边界 12 的长度；n_{1j} 为界面的法方向；F_{ej} 为界面处的质量流量；A_{CV} 为控制体的面积；ΔH_{ej} 为控制体界面上的厚度；p_{ej} 为控制体界面处的压强；b_0^{uv}、b_0^w 为动量方程其他源项。x、y 方向的源项 b_0 中等号右边第二项为交叉扩散项，上标 0 表示括号内的项采用上一层次的计算结果。

在求解过程中为了增强计算格式的稳定性，采用了欠松弛技术。将速度欠松弛因子 α_{31} 直接代入式（6-46）即可得到离散后的动量方程为

$$\frac{A_P}{\alpha_{31}} \varphi_P = \sum_{j=1}^{N_{ED}} A_{Ej} \varphi_{Ej} + A_B \varphi_B + A_T \varphi_T + b_0 + (1 - \alpha_{31}) \frac{A_P}{\alpha_{31}} \varphi_P^0 \qquad (6\text{-}47)$$

2) 压强修正方程

在三角形非结构网格中,由于网格形状的特殊性和网格编号的复杂性,采用交错网格处理流速和压强的耦合关系将会使程序编制变得非常复杂。因此,采用基于非结构同位网格的 SIMPLE 算法来处理流速和压强的耦合关系,引入界面流速计算式和流速修正式如下:

x、y 方向的流速 $[u、v]$ 及修正流速 $[u'、v']$

$$u_{ej} = \frac{1}{2}(u_P + u_E) - \frac{1}{2}\frac{1}{\rho}\Big[\big(\frac{\Delta HA_{CV}}{A_P}\big)_P + \big(\frac{\Delta HA_{CV}}{A_P}\big)_E\Big]$$

(6-48)

$$\Big[\frac{p_E - p_P}{|d_j|} - \frac{1}{2}(\nabla p_P + \nabla p_E) \cdot \frac{d_j}{|d_j|}\Big]\frac{n_{1j}}{|n_{1j}|}$$

$$u'_{ej} = \frac{1}{2}\frac{1}{\rho}\Big[\big(\frac{\Delta HA_{CV}}{A_P}\big)_P + \big(\frac{\Delta HA_{CV}}{A_P}\big)_E\Big]\Big[\frac{p'_P - p'_E}{|d_j|}\Big]\frac{n_{1j}}{|n_{1j}|}$$

(6-49)

式中:u_P、u_E 分别为控制体和其相邻控制体上的流速;p_P、p_E 分别为控制体和其相邻控制体上的压强;A_P 为动量方程的主对角元系数。

控制体底面 z 方向的界面流速 w_b 及修正流速 w'_b

$$w_b = \frac{1}{2}(u_P + u_B) - \frac{1}{2}\frac{1}{\rho}\Big[\big(\frac{\Delta HA_{CV}}{A_P}\big)_P + \big(\frac{\Delta HA_{CV}}{A_P}\big)_B\Big]$$

(6-50)

$$\Big[\frac{p_P - p_B}{(\Delta H)_b} - \frac{1}{2}(\nabla p_P + \nabla p_B)\Big]$$

$$w'_b = \frac{1}{2}\frac{1}{\rho}\Big[\big(\frac{\Delta HA_{CV}}{A_P}\big)_P + \big(\frac{\Delta HA_{CV}}{A_P}\big)_B\Big]\Big[\frac{p'_B - p'_P}{(\Delta H)_b}\Big]$$

(6-51)

式中:u_B、p_B 分别为控制体底部相邻控单元的流速及压强。

控制体顶部 z 方向的流速 w_t 及修正流速 w'_t

$$w_t = \frac{1}{2}(u_P + u_T) - \frac{1}{2}\frac{1}{\rho}\Big[\big(\frac{\Delta HA_{CV}}{A_P}\big)_P + \big(\frac{\Delta HA_{CV}}{A_P}\big)_T\Big]\Big[\frac{p_T - p_P}{(\Delta H)_t} - \frac{1}{2}(\nabla p_P + \nabla p_T)\Big]$$

(6-52)

$$w'_t = \frac{1}{2}\frac{1}{\rho}\Big[\big(\frac{\Delta HA_{CV}}{A_P}\big)_P + \big(\frac{\Delta HA_{CV}}{A_P}\big)_T\Big]\Big[\frac{p'_P - p'_T}{(\Delta H)_t}\Big]$$

(6-53)

式中:u_T、p_T 分别为控制体顶部相邻控单元的流速及压强。

将求解动量方程得到的流速初始值和上一层次的压强初始值代入式(6-48)~式(6-53)中即可得到界面流速 u_{ej}^*、w_b^* 和 w_t^* 及相应的流速修正值。将 $u_{ej}^* + u'_{ej}$、$u_b^* + u'_b$ 和 $u_t^* + u'_t$ 代入式(6-28)中,沿控制体积分可得压强修正方程为

$$A_P^P p'_P = \sum_{j=1}^{N_{ED}} A_{Ej}^P p'_{Ej} + A_B^P p'_B + A_T^P p'_T + b_0^P$$

(6-54)

式中,上标 P 表示压强修正方程中的系数,且有

$$A_{Ej}^P = \frac{1}{2}\frac{1}{\rho}\Big[\big(\frac{\Delta HA_{CV}}{A_P}\big)_P + \big(\frac{\Delta HA_{CV}}{A_P}\big)_E\Big]\frac{|n_{1j}|}{|d_j|}\Delta H$$

$$A_B^P = \frac{1}{\rho}\big(\frac{\Delta HA_{CV}}{A_P}\big)_b\big(\frac{A_{CV}}{\Delta H}\big)_b = \frac{1}{\rho}\big(\frac{A_{CV}^2}{A_P}\big)_b$$

$$A_T^P = \frac{1}{\rho} \left(\frac{\Delta HA_{CV}}{A_P} \right)_t \left(\frac{A_{CV}}{\Delta H} \right)_t = \frac{1}{\rho} \left(\frac{A_{CV}^2}{A_P} \right)_t$$

$$A_P^P = \sum_{j=1}^{N_{ED}} A_{Ej}^P + A_B^P + A_T^P$$

$$b_0^P = - \left[\sum_{j=1}^{N_{ED}} (u_{ej}^* H_{ej}) \cdot n_{1j} - (wA_{CV})_b + (wA_{CV})_t^* \right]$$

式中：b_0^P 为流进单元 P 的净质量流量。

在获得压强修正值 p'_P 以后，按如下公式修正压强和速度：

$$p_P = p_P^* + \alpha_{32} p'_P \tag{6-55}$$

$$u_P = u_P^* - \frac{1}{\rho} \frac{\Delta HA_{CV}}{A_P} \nabla p'_P = u_P^* - \frac{1}{\rho} \sum_{j=1}^{N_{ED}} \frac{\Delta H p'_{ej} n_{1j}}{A_P} \tag{6-56}$$

$$w_P = u_P^* - \frac{1}{\rho} \frac{A_{CV}}{A_P} (p'_t - p'_b) \tag{6-57}$$

式中：α_{32} 为压强的欠松弛因子。

3）湍动能方程

湍动能 k 方程的离散形式如下：

$$A_P^k k_P = \sum_{j=1}^{N_{ED}} A_{Ej}^k k_{Ej} + A_B^k k_B + A_T^k k_T + b_0^k \tag{6-58}$$

其中：

$$A_{Ej}^k = - \min(F_{ej}, 0) + \left(\nu + \frac{\nu_T}{\sigma_k} \right) \frac{d_j n_{1j}}{|d_j|^2} \Delta H_{ej}$$

$$A_B^k = \max(F_b, 0) + \left(\nu + \frac{\nu_T}{\sigma_k} \right) \left(\frac{A_{CV}}{\Delta H} \right)_b$$

$$A_T^k = - \min(F_t, 0) + \left(\nu + \frac{\nu_T}{\sigma_k} \right) \left(\frac{A_{CV}}{\Delta H} \right)_t$$

$$A_P^k = \sum_{j=1}^{N_{ED}} A_{Ej} + A_B + A_T + \frac{\Delta HA_{CV}}{\Delta t}$$

$$b_0^k = \frac{\Delta HA_{CV}}{\Delta t} k_P^0 + (G_k - \varepsilon) \Delta HA_{CV}$$

4）湍动能耗散率方程

湍动能耗散率 ε 方程的离散形式如下：

$$A_P^\varepsilon \varepsilon_P = \sum_{j=1}^{N_{ED}} A_{Ej}^\varepsilon \varepsilon_{Ej} + A_B^\varepsilon \varepsilon_B + A_T^\varepsilon \varepsilon_T + b_0^\varepsilon \tag{6-59}$$

其中：

$$A_{Ej}^\varepsilon = - \min(F_{ej}, 0) + \left(\nu + \frac{\nu_T}{\sigma_\varepsilon} \right) \frac{d_j n_{1j}}{|d_j|^2} \Delta H_{ej}$$

$$A_B^\varepsilon = \max(F_b, 0) + \left(\nu + \frac{\nu_T}{\sigma_\varepsilon} \right) \left(\frac{A_{CV}}{\Delta H} \right)_b$$

$$A_T^\varepsilon = -\min(F_t, 0) + \left(\nu + \frac{\nu_T}{\sigma_\varepsilon}\right)\left(\frac{A_{CV}}{\Delta H}\right)_t$$

$$A_P^\varepsilon = \sum_{j=1}^{N_{ED}} A_{Ej} + A_B + A_T + \frac{\Delta H A_{CV}}{\Delta t}$$

$$b_0^\varepsilon = \frac{\Delta H A_{CV}}{\Delta t}\varepsilon_P^0 + \left(\frac{C_{1\varepsilon}^* \varepsilon}{k}G_k - C_{2\varepsilon}^* \frac{\varepsilon^2}{k}\right)\Delta H A_{CV}$$

6.6　离散方程求解

　　代数方程组求解有两类基本方法。一类是直接法,即以消去为基础的解法,如果不考虑舍入误差的影响,从理论上讲,它可以在固定步数内求得方程组的准确解,常用的直接求解法包括 Gramer 矩阵求逆法和 Gauss 消去法。另一类是迭代解法,它是一个逐步求得近似解的过程,这种方法便于编制解题程序,但存在着迭代是否收敛及收敛速度快慢的问题,且只能得到满足一定精度要求的近似解,常用的迭代法有 Jacobi 迭代法或 Gauss - Seidel 迭代法。对于大规模的线性方程组,迭代法的计算效率要高于直接法。

　　在结构网格下,离散方程的系数矩阵为标准的 3 对角(一维问题)、5 对角(二维问题)或 7 对角(三维问题)矩阵。对以系数矩阵为标准对角矩阵的离散方程组(结构网格下的离散方程),Tomas 在较早以前开发了一种能快速求解 3 对角方程组的解法 TDMA(Tri - Diagonal Matrix Algorithm)算法。该方法对一维问题形成的三对角矩阵是一种直接法。对于二维或三维问题,可以利用该方法逐行逐列交替迭代求解。对于 TDMA 算法的介绍和应用,不少文献已进行过详细介绍。

　　在非结构网格下,由于控制体周围相邻控制体的数量及编号不确定,离散方程的系数矩阵为一大型稀疏矩阵,但不一定是严格的对角矩阵。对以系数矩阵为非标准对角矩阵的离散方程组(非结构网格下的离散方程),一般采用 Gauss - Seidel 迭代法求解。

　　实际上,由于天然河道中大多数的流动问题都是非线性的,离散方程系数取值往往与待求变量 φ 有关。离散方程名义上是线性的,但是在方程收敛之前,系数矩阵是有待于改进的。因此,离散方程迭代求解应包含两个任务,一是修正非线性方程组系数,常称做外迭代;二是求解线性代数方程组,常称做内迭代。在求解过程中,内迭代不必一次迭代至收敛,可以迭代一次或几次之后即修正线性方程组系数,从而实现两种迭代同步收敛,因此只要迭代方式组织合理,其计算效率往往要高于直接法,在节点数多时更是如此。

参 考 文 献

[1] 陶文铨. 数值传热学近代进展[M]. 北京:科学出版社,2000.

[2] Liu Shi - he, Xiong Xiao - yuan, Luo Qiu - shi. Theoretical analysis and numerical sinulation of turbulent flow around sand waves and sand bars [J]. Journal of hydrodynamics, Ser. B, 2009, 21(2):292-298.

[3] 王福军. 计算流体动力学分析[M]. 北京:北京航空航天大学出版社,1998.

[4] 柏威,鄂学全. 基于非结构化同位网格的 SIMPLE 算法[J]. 计算力学学报,2003(20):702-710.

[5] 杨向华,陆永军,邵学军.基于紊流随机理论的航槽三维流动数学模型[J].海洋工程,2003,21(2):38-44.

[6] 夏云峰.感潮河道三维水流泥沙数值模型研究与应用[D].南京:河海大学,2002.

[7] Mellor G,Blumberg A. Modeling vertical and horizontal diffusivities with the sigma coordinate system[J]. Monthly Weather Rev,2003(113):1379-1383.

[8] 槐文信,赵明登,童汉毅.河道及近海水流的数值模拟[M].北京:科学出版社,2004.

第 7 章　RSS 河流数值模拟系统的开发

　　水沙运动数值模拟是一项较为系统的工作,其研究水平不仅仅取决于水沙数学模型的构建和求解,水沙数据整理、地形获取、网格生成、图形绘制等诸多环节也往往是决定数模计算精度或工作效率的关键,有时候甚至是控制性因素。因此,本章将基于前面已有的研究成果,对前处理、数模计算、后处理等数模工作中诸多关键环节进行系统的研究,并形成一套集一维模型、二维模型于一体,运行稳定、功能完善、成果可靠、使用方便的河流数值模拟系统。

7.1　常用计算软件简介

　　数值模拟软件是研究流体运动问题的重要工具之一。目前,国外已开发了许多著名的计算流体动力学商用软件,如 PHOENICS、CFX、STAR – CD、FLUENT 等。对于河道或水利工程中一些湍流问题的数值模拟,由于其具有尺度大、边界复杂、驱动力主要为重力、具有自由表面等特点,因此其控制方程及边界条件往往不同于一般的湍流运动,对此类问题数值模拟的研究又形成了一类专门的学科计算水动力学。虽然计算水动力学属于计算流体动力学的范畴,但是现有的计算流体动力学软件对水动力领域的诸多问题往往无法解决。对于计算水动力学问题,目前也形成了一系列比较优秀的商用软件,如荷兰的Delft3D、丹麦的 DHI 系列软件、美国的 SMS – RMA 和 CCHE2D 等。文献[1]曾对这些软件做了系统的介绍。

　　(1)Delft3D 软件。Delft3D 软件是荷兰水工研究所推出的一款模拟系统,可以用来模拟水动力、波浪、泥沙输移、河床变形、水质及生态指标计算等问题,适用于河口及海岸地区相关问题的模拟。该软件集成了二维及三维恒定流及非恒定流模型,计算网格采用的是直角网格和正交曲线网格,方程离散采用有限体积法,变量布置采用交错网格,线性方程组采用 ADI 方法求解。系统界面实现了与 GIS 的无缝链接,有强大的前后处理功能,并与 Matlab 环境结合,支持各种格式的图形、图像和动画仿真。除此之外,系统的操作手册、在线帮助和理论说明全面、详细、易用,既适合一般的工程用户,也适合专业研究人员。目前,Delft3D 系统在国际上的应用十分广泛。中国香港地区从 20 世纪 70 年代中期就开始使用 Delft3D 系统,且已经成为香港环境署的标准产品。自 20 世纪 80 年代中期开始Delft3D 在内陆也有越来越多的应用,如长江口、杭州湾、渤海湾、滇池、辽河、三江平原。

　　(2)DHI 系列软件。DHI 系列软件是丹麦水力学所推出的一系列软件,涉及与水有关的许多方面,包括降雨径流、水流、泥沙以及环境等。DHI 系列软件界面友好,具有强大的前后处理功能,数学模型主要包括 MOUSE、MikeFlood、MIKE11、MIKE21、MIKE3、MIKE – SHE、SAW 和 FIELDMMAN 几种,其中国内比较熟知和应用广泛的是 MIKE11 和MIKE21,主要用于水动力计算、防洪预报和水质模拟等领域。

（3）SMS 系统。SMS 是 Surface – water Modeling System 的缩写,该软件由美国 Brigham Young University 等联合研制,提供了一维、二维、三维的有限元和有限差分数值模型。可用于河道水沙数值模拟,径流、潮流、波浪共同作用下的河口和海岸的水沙数值模拟,在计算自由表面流动方面具有强大的功能。SMS 软件包包括 TABS – MS（包括 GFGEN、RMA2、RMA4、RMA10、SED2D – WES）、AD2CIRC、CGWAVE、STWAVE 、HIHEL 等计算模块,用户可以根据实际情况选择不同的计算程序。

国内应用较多的为 RMA2 软件包。它有强大的前后处理功能:能自动生成无结构计算网格,辨别网格的质量及进行单元格质量的调整;能进行流场动态演示及动画制作、计算断面流量、实测与计算过程的验证、不同方案的比较等。国内在长江口及杭州湾潮流数值模拟中应用过该系统。

（4）CCHE 软件。CCHE 是美国密西西比大学工程系研制的一套通用模型,该模型能基于三角形网格及四边形网格求解,可用于河道、湖泊、河口、海洋水流及其输运物的一维、二维及三维数值模拟。

从上述商用软件的简介可以看出,它们具有如下一些共同点:

（1）软件具有功能强大的前处理功能。计算水动力的前处理包含三个任务:网格生成、地形处理和输入文件管理。前面已经讲过,网格生成是计算流体力学的一个重要环节,对于复杂问题,其工作量往往占到整个计算工作量的 60% 以上,且网格的形式和布局将直接决定模拟的精度。因此,网格生成模块的完善程度常常是评价软件性能的主要指标。这些成熟的商用软件对于网格生成模块尤为重视,除自己开发网格生成系统外,还常常设有接口来连接其他生成网格的专用软件。除此之外,地形处理和输入文件管理系统也往往是决定数模软件计算效率的关键因素,商用软件也往往具备完善的地形处理功能和可视化数据输入平台。

（2）数学模型功能完善,能够满足用户的多种需求。成熟的水动力学商用软件往往集成多个模型供用户选择,集成的模型主要包括一维、二维和三维水流、泥沙或水质模型,能够满足不同的工作需求。

（3）具有完善的数据后处理系统。数据后处理系统完善与否也是衡量数模软件完善与否的关键。将数模结果进行快速处理,完善地展现给工作人员,可有效提高数模工作效率,减轻工作负担,同时可以使人们能够更加直观地认识各种流动现象。与前处理一样,现有的计算水动力学软件除了开发有自己的后处理系统,也支持市面上常用的后处理软件。

（4）程序具有完善的容错机制。在一个大型软件运行过程中,往往会因为用户操作不当,软件部分模块不完善造成诸多不可避免的错误,除此之外,对复杂问题也可能因网格剖分、参数设置等诸多问题处理不当造成计算失败。对于这些问题,一方面要求软件具有一定的错误检测功能,如用户操作错误或程序执行错误能够及时给出错误提示;另一方面要求程序对一些错误能够尽量自行修正。现有的商用软件一般都具有较为完善的容错机制。

（5）软件中包含大量的算例。限于目前的研究水平,许多水动力学模型在建模和参数取值阶段往往引入很多经验或半经验的处理方法,这些处理方法是否得当、参数取值是否合理、计算结果是否正确往往需要实测资料验证。商用软件在发布之前往往通过了严格检测，其提供算例一方面验证了软件模拟结果的正确性和有效性，另一方面为用户学习提供了教程。

（6）具有完善的帮助系统。成熟的商用软件一般都具有完善的操作手册，在网上还提供专门的在线帮助系统，具有完善的售后服务。

7.2　系统功能需求分析

河流数值模拟系统所需的功能可以概化为前处理、数值模拟计算和后处理三部分。此外，模拟系统还应该具备系统平台的管理和帮助功能。

7.2.1　前处理

（1）方案管理。包括计算方案的生成、删除或载入功能，方案文件的导入、打开或保存功能。

（2）数据管理。包括资料查询（水文测站、实测断面等基础资料查询），资料上传（实测水沙资料、实测大断面资料以及洪水要素资料上传功能），资料统计及分析功能（能够提供月年报表、简单的冲淤分析），资料输出功能（能够按照特定的格式导出数据文件）。

（3）网格剖分。边界绘制、边界属性设置（设置边界剖分密度、内边界还是外边界）、边界提取、网格剖分和网格查看。

（4）地形处理。为满足黄河流域开展二维模型计算的需求，系统应能够提供基于河势及实测大断面生成三维地形的功能；从外部文件中（如 AutoCAD 地形文件）提取地形数据，构建数字高程模型，对网格节点进行插值；同时为满足挖沟、筑堤等工程计算需求，系统还必须提供地形修改功能。

7.2.2　数值模拟计算

目前，河流数值模拟中所采用的数学模型包括一维模型、二维模型和三维模型，不同的模型具有不同的适用范围：一维模型是发展最早、最为完善、计算量最小的模型，主要用于长时间、长河段的水沙运动及河床变形研究，但它只能提供断面平均的水沙要素和冲淤情况；平面二维模型是目前工程计算中应用最为广泛的二维模型，主要用于较长河段内的水沙运动与河床变形研究，可提供水深平均的水沙要素和河床平面冲淤情况；三维模型主要用于局部河段的三维水沙运动及河床冲淤变形研究。此外，河流数值模拟计算所涉及的内容除水沙运动及河床变形计算外，还常涉及水温、水环境与水生态指标计算等。基于上述原因，河流数值模拟系统应能够提供包括一维模型、二维模型和三维模型在内的数值计算模块，计算功能应涉及水沙、水温、水环境等方面。此外，数值模拟计算程序最好能够提供多种数值计算方法，供用户选择。本次拟开发的数值模拟系统包括一维水沙数学模型和平面二维水沙数学模型。

7.2.2.1　一维模型

工况管理：能够方便地生成、载入或删除数学模型计算工况。

模型设置:能够设置计算模型、输移物质和程序运行方式等基本参数。

输入文件设置:能够设置数学模型计算所需的模型参数、断面地形、水流参数、水流边界条件、泥沙参数、泥沙边界条件、源汇资料、内部边界和模型输出控制文件。

模型计算:能够方便地选择计算工况,开展模型计算。

7.2.2.2　二维模型

工况管理:能够方便地生成、载入或删除数学模型计算工况。

模型设置:能够设置计算模型、输移物质、程序启动方式(冷启动或热启动)和运行方式等基本参数。

输入文件设置:能够设置数学模型计算所需的计算网格、水流边界、泥沙边界、内部边界,如果设置程序热启动需要输入初始流场文件,如果选择内边界需要输入内边界设置文件。

模型计算:能够方便地选择计算工况,开展模型计算。

7.2.3　后处理

后处理是展示计算结果的关键环节,主要包括信息查询、图形绘制和动态演示。

7.2.3.1　信息查询

数值模拟工作过程中需要查询的信息可以概括为点信息、断面信息和区域信息。点信息是特征点的水位过程、流速过程和地形变化过程,断面信息指特征断面的流量过程、输沙率过程、流速分布、水位分布、含沙量分布等,区域信息是指局部区域的流场信息。

7.2.3.2　图形绘制

图形绘制方便用户直观查询计算信息、展示计算成果。具体功能包括流场图、网格图、等值线图的绘制。可视化系统应能够提供图形颜色、流速比例尺等绘图参数的设置功能,以增强图形美感,提高成果质量。

7.2.3.3　动态演示

动态演示主要包括二维模型流场动态演示和一维模型河道冲淤变化过程演示。

7.2.4　系统平台管理

系统平台管理方便用户调整系统的窗口布局,系统运行模式,同时为用户提供一些必要的操作帮助。

7.3　开发平台

从软件开发的角度考虑,可以将河流数值模拟系统分为可视化界面、核心计算程序、图形处理三部分。针对不同的功能,选择合适的开发平台不但可以有效提高软件开发的效率,而且可以增强软件的实用性。

7.3.1　系统可视化界面的开发平台

开发具有可视化界面的河流数值模拟系统,是为了便于用户操作,提高数值模拟的工作效率,因此河流数值模拟软件必须界面友好、易于理解、便于操作、功能完善,常用功能应以工具栏的形式放在较为明显的位置,数据文件的管理应规范高效。此外,系统还必须提供帮助功能,并能在用户操作时进行一些必要的提示。VB 语言是可视化的、面向对象的、由事件驱动的高级程序设计语言,具有简单、高效、功能强大的特点,是目前 Windows 环境中优秀的开发工具之一,因此可采用 VB 语言开发系统的可视化界面。

7.3.2　系统核心计算程序的开发平台

河流数值模拟系统的核心计算程序包括网格剖分程序、数字高程模型的构建程序、地形插值程序、数模计算程序、计算结果的信息提取程序等。此类程序的任务就是进行数学运算,是最耗机时的功能模块,因此要求此类程序能够运行稳定、成果可靠、快速高效。Fortran 语言是科学计算领域中使用最早、最广泛、效率最高的一种语言,因此采用 Fortran 语言作为系统的核心计算程序(网格剖分、地形插值、数模求解)开发平台,有利于保证计算效率。

7.3.3　图形处理平台

河流数值模拟系统的图形处理功能包括:计算边界的绘制、边界类型识别、边界信息提取、地形图地形信息提取、计算结果的图形绘制、计算结果演示、信息查询时监测点监测断面的绘制及信息提取等。图形处理是数值模拟计算中最为繁重的工作,因此河流数值模拟系统必须具备便捷、高效的图形处理平台。

目前,国内外的河流模拟软件的图形处理平台可以分为两类:一类是自行开发的图形处理平台,它便于使系统自成一体,但需要投入较大的人力、物力,且功能难以和成熟的图形处理软件媲美;另一类是集成一些成熟的图形处理软件作为图形处理平台,这样可以有效降低软件开发的成本,而且可以借助已有软件的优势提高系统的图形处理能力,但不易使系统自成一体。

本章将集成已有的图形处理软件作为河流数值模拟系统的图形处理平台,因此图形处理软件的选择是决定系统图形处理能力最重要的因素。因 AutoCAD 软件是由美国 AutoDesk 公司推出的计算机辅助绘图软件,它具有完善的绘图功能,良好的用户界面,是当今世界上最为流行的绘图软件,广泛应用于土建、水利、机械等工程领域,工程计算中所用的地形资料也常常是 AutoCAD 电子地图,再加上该软件具有开放的结构体系,便于进行二次开发,因此系统集成了 AutoCAD2004 作为图形处理平台,并利用 CAD 二次开发技术实现了 AutoCAD 软件和系统的无缝衔接。在系统中主要使用了如下两种接口方式。

7.3.3.1　基于 ActiveX Automation 技术的二次开发

AutoCAD 从 R14 以上的版本就增加了 ActiveX 自动化服务功能,它可以作为服务程序,用户可以从其他 ActiveX 客户程序上操作 AutoCAD。VB 是最为常用的支持 ActiveX Automation 技术的开发工具,系统利用 VB 对 CAD 的二次开发技术实现了和 AutoCAD 软件的无缝衔接,同时开发了图形绘制、计算边界的识别、边界信息提取、地形数据提取等常用的图形处理功能,有效地提高了软件的图形处理能力和数值模拟的工作效率。

7.3.3.2　DXF 接口方式

DXF 文件是 AutoCAD 中用来进行图形信息交换的一种文件,它包含了 AutoCAD 图形的所有信息,在 AutoCAD 软件环境下可直接将 AutoCAD 图形文件存为 DXF 文件。一个完整的 DXF 文件结构包括六个文件段和一个结束符标志,分别为头段(HEADER)、类段(CLASSES)、表段(TABLE)、块段(BLOCK)、实体段(ENTITIES)和对象段(OBJECTS)。段书写的基本单位是组,每段均由若干组(GROUP)构成,每组占两行,首行为组码,第二行为组值,表 7-1 列出了部分常用实体对象的组码值,其他组码的具体含义可参考 AutoCAD使用手册。根据这些组码及其含义可以编程提取需要的图形信息,地形提取所涉及的信息一般存储在块段和实体段中。此外,也可以向 DXF 文件写入信息,生成 CAD 图形。

表 7-1　实体对象的组码

实体公共组码		PolyLine 组码		Line 组码		Point 组码	
组码	组码值	组码	组码值	组码	组码值	组码	组码值
0	实体类型	90	点数	10 或 11	X 坐标	10	X 坐标
5	实体句柄	10	X 坐标	20 或 22	Y 坐标	20	Y 坐标
8	实体图层	20	Y 坐标	30 或 31	Z 坐标	30	Z 坐标
62	实体颜色	38	标高				

7.4　系统设计及开发

7.4.1　系统结构体系设计

系统的结构体系是系统的骨架,合理的系统结构可以使用户对程序模块的管理更加有效。RSS 系统采用顺序相邻的层次结构,功能模块包括文件、数据、网格、地形、信息、计算、绘图、演示窗口和帮助等。为了减小系统模块之间的耦合并方便用户检查数据输入输出,系统为各模块开辟了独立的工作路径。RSS 系统结构示意图如图 7-1 所示。

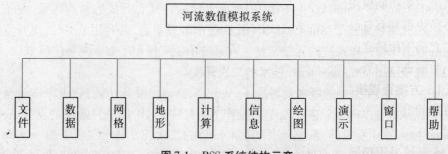

图 7-1　RSS 系统结构示意

7.4.2　系统界面设计

系统界面具有 Windows 风格,系统界面由标题栏、菜单栏、工具栏(CAD 工具栏和 RSS 工具栏)、工作区,以及命令提示行组成,界面布局见图 7-2。

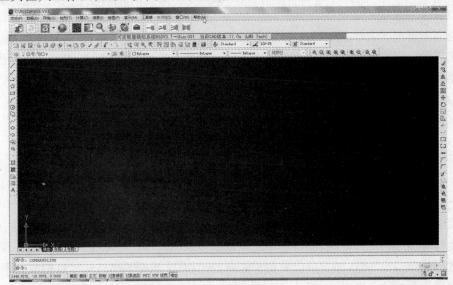

图 7-2　系统界面

(1)标题栏显示了系统当前工作路径。

(2)菜单栏给出了文件、数据、网格、地形、计算、绘图、信息、演示、窗口和帮助等菜单命令。

(3)系统除具有自己的工具栏外还集成了 AutoCAD 的工具栏,可方便用户进行各种图形操作。

(4)绘图区集成了 CAD 软件的图形操作窗口。

(5)命令提示行,在此用户可以输入命令实现 CAD 的一些功能。

7.4.3　系统功能模块设计

系统主要功能模块包括文件、数据、网格、地形、计算、绘图、信息、演示、窗口和帮助等。各模块都具有自己独立的工作路径,这样可减小用户在操作过程中的出错概率;模块和模块之间采用独立的数据文件作为接口,这样减小了各模块之间的耦合,方便用户对输入输出数据进行检查。

7.4.3.1　方案管理模块

方案管理模块主要用于实现计算方案的生成、删除或载入功能,方案文件的导入、打开或保存功能。

RSS 系统采用顺序相邻的结构体系,各模块之间均有自己独立的工作路径,这样处理虽然有一定的好处,但给模块之间的数据交换带来一定的困难。RSS 系统拟通过数据文件进行模块之间的数据交换,为此 RSS 系统开发了一套数据文件管理模块,实现数据文件和 CAD 图形文件的打开、保存等功能以及不同模块之间的文件交换功能。

7.4.3.2　数据管理模块

系统集成的数据库包括河道基础信息数据库、实测水沙资料数据库和实测大断面资料数据库。

1)河道基础信息数据库

全国主要水文测站基础信息查询,包括站码、站名、所属河流、领导机关等信息;黄河流域主要河段实测大断面信息,包括断面名称、断面位置、断面里程、起点坐标、终点坐标、滩槽划分信息等。

2)实测水沙资料数据库

水文站实测逐日流量、水位、输沙率资料,用户可以上传、查询和输出实测水沙资料。

3)实测大断面资料数据库

黄河流域主要河段实测大断面资料,包括断面名称、断面位置、断面里程、起点坐标、终点坐标、滩槽划分等断面基础信息和实测断面起点距、高程等信息,用户可以上传、查询和输出实测大断面资料,同时也可以分滩槽统计不同年份间河道冲淤量。

系统数据管理模块主要基于 Access 数据库实现。在数据上传、输出及存储格式上,系统设计时照顾到如下原则:①各模块之间数据输入输出格式尽可能一致,这样不但可以减小数据处理的工作量,而且可以避免不必要的错误;②数据输出格式尽可能照顾用户的使用习惯和数模计算要求。

7.4.3.3　网格生成模块

网格模块用于实现边界识别、边界提取、网格剖分、网格合并和网格查看功能(见图 7-3)。

1)边界识别

用户绘制的计算边界包括多种(如结构网格的左、右岸边界或控制断面,非结构网格的内边界、外边界等),需要对边界进行识别。边界识别实际上就是对用户绘制的计算边界按照一定的规则进行标注。系统采用 VB 对 CAD 的二次开发技术开发了计算边界的自动识别功能。

2)边界提取

用户在软件界面下选择网格类型后,调用该程序即可生成相应的边界信息文件,信息文件里包含了边界点的坐标、网格疏密控制参数等。此外,用户还可在软件界面下打开边界文件进行设置。系统采用 VB 对 CAD 的二次开发技术提取计算边界,生成网格剖分所需的数据文件。

3)网格剖分

生成边界文件后,调用网格剖分程序即可生成需要的计算网格。不同的计算网格对计算区域具有不同的适应能力,为提高 RSS 系统对计算区域的适应能力,系统开发了四边形结构网格、三角形非结构网格和混合网格等网格生成程序供用户选择。系统采用 Fortran 语言编制了网格剖分程序,网格剖分方法见第 5 章。

4)网格合并

网格合并用于合并滩槽混合网格或者将非结构三角网格合并生成非结构混合网格。

5）网格查看

检查网格剖分质量，初步判断网格布置是否合理。实现原理根据生成的网格数据，采用 DXF 文件，DXF 接口直接生成 CAD 图形。

7.4.3.4　地形处理模块

地形处理模块用于实现河道地形生成、地形提取、地形插值、地形修改等功能（见图 7-4）。

图 7-3　网格生成对话框

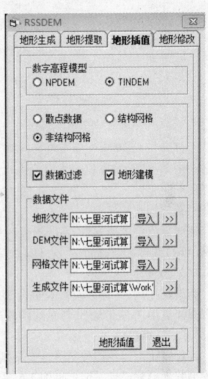

图 7-4　地形处理对话框

1）地形生成

在没有实测三维地形的情况下，利用河道的河势（堤线、滩槽分界线、深泓线等）和实测大断面资料生成河道三维地形。生成地形分三步：①提取河势控制线和实测断面的位置坐标，用户准备河势控制线和实测大断面图平面位置图，提取信息；②断面地形点检查，根据断面坐标和实测大断面地形生成断面地形点，检查断面地形点和河势信息（主要是主槽和深泓线位置）是否一致，如果不一致，需要对合适控制线位置进行相应的调整，并重新提取河势信息；③生成三维地形。

2）地形提取

实际工程中所用的地形资料一般是 AutoCAD 电子地图，AutoCAD 软件提供了数种接口方式与外部软件进行数据交换，因此可根据实测资料情况采用适当的接口方式通过 AutoCAD 的二次开发技术提取数据。RSS 系统采用了两种方式提取数据：①采用基于 ActiveX Automation 技术的二次开发提取地形数据，该方法可直接选择拟提取的图元（如多段线、点、直线、圆、三维多段线、文字等)并提取其信息(见图 7-5(a));②将图形文件转化为 DXF 文件,通过编程读取 DXF 文件提取地形信息(见图 7-5(b))。此外,对于现有的纸质地图,可先将图纸扫描转为电子图像,然后用矢量化软件转为 AutoCAD 图,通过坐标和高程校正后,也可用来获取地形数据。

(a)提取 DWG 文件地形　　　　(b)提取 DXF 文件地形

图 7-5　地形提取对话框

3)地形插值

地形插值有多种方法,系统提供两种办法供选用:①距离倒数加权插值;②非规则三角网(TIN)线性插值,即先生成 TIN 数字高程模型(DEM),然后基于 DEM 进行插值。

4)地形修改

为满足挖沟、筑堤以及修筑桩台等工程计算的需要,RSS 系统提供了地形修改程序。可以对河道内任意点周围、任意线两侧一定范围或任意区域内的地形进行修改。

7.4.3.5　计算模块

计算模块主要功能包括数学模型基本参数设置、计算工况设置和输入文件设置等,数学模型基本参数设置对话框见图 7-6,程序计算流程见图 7-7 ~ 图 7-9。

1)基本参数设置

基本参数设置主要是方便用户快速设置数学模型的一些基本计算参数。一维模型基本参数设置包括计算工况选择、计算模型选择、输移物质设置(一维模型主要是泥沙)、程序运行方式、源汇资料和内部边界选择等基本参数设置。二维模型基本参数设置包括计算工况选择、计算模型选择、输移物质设置、程序启动方式、运行方式、源汇资料和是否采用网格定位文件等。

2)工况设置

数学模型计算工况的新建、载入和删除等功能。

3)输入文件设置

一维模型输入文件包括模型参数、断面地形、水流参数、水流边界条件、泥沙参数、泥沙边界条件、源汇资料、内部边界和模型输出控制文件;二维模型输入文件包括计算网格、水流边界、泥沙边界、内部边界等文件。

7.4.3.6　信息模块

河道基础资料(地形和水文资料)和计算结果的查询及提取功能是河流数值模拟系

图 7-6　数学模型基本参数设置对话框

统所必备的功能之一。但由于不同河道、不同工程所关心的资料的侧重点有所不同,因此信息查询功能的开发众口难调。如何开发通用的信息查询功能模块是非常困难的。RSS系统设计过程中将数学模型计算信息概括为点信息、断面信息和区域信息,并分别针对一维模型和二维模型开发了计算信息的批量提取程序(见图 7-10),用户可快速高效地获取特征点的水位过程、流速过程和地形变化过程,特征断面的流量过程、输沙率过程、流速分布、水位分布、含沙量分布等,局部区域的流场信息。从目前来看,系统提供的功能完全能够满足需求,程序通用性较好。

7.4.3.7　绘图模块

河流数值模型的绘图模块主要包括一维模型图和二维模型图(区域图、断面信息图和点信息图),见图 7-11。

1)一维模型图

实现断面地形和典型断面的流量过程、水位过程和含沙量过程图的绘制。一维模型断面地形套绘见图 7-12,主要用于实现河道冲淤计算过程中,不同时段断面地形的套绘,方便了解断面的冲淤变化情况。一维模型断面流量过程见图 7-13,用户在变量名称栏可以选择水位过程和含沙量过程。一维模型图形绘制主要用 VB 调用 TChart 控件实现。

2)二维模型图

二维模型图主要包括区域图、典型断面地形图和过程线图。区域图主要用于绘制彩色网格图、流场图、数字图等图形,该模块主要采用 DXF 接口直接生成 CAD 图形;典型断

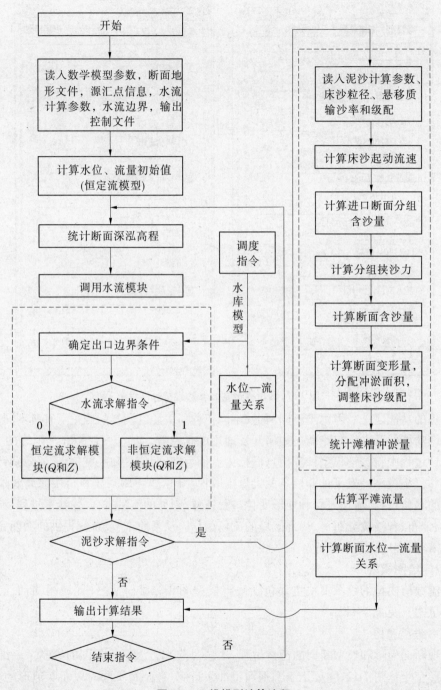

图 7-7　一维模型计算流程

面地形绘图对话框及绘图效果见图 7-14,用于显示二维模型典型断面信息(地形和水位);过程线图用于显示特征点的水位过程、流速过程和地形变化过程,特征断面的流量过程、输沙率过程等,绘图对话框及绘图效果见图 7-15。

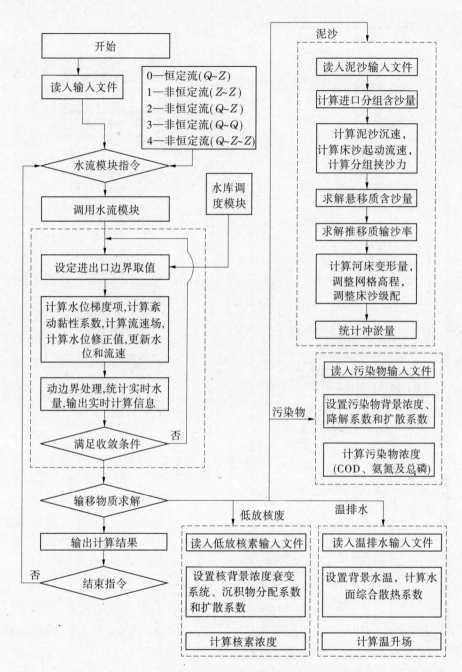

图 7-8　二维模型计算流程

7.4.3.8　演示模块

该模块包括一维模型冲淤过程演示和二维模型动态流场演示。

1) 一维模型冲淤过程演示

该模块主要用于演示河道纵剖面的冲淤变形过程。实现步骤如下：选择一维模型计算方案，加载计算结果，选择计算时段下拉框查询任意时段的冲淤情况，点击"动态演示"

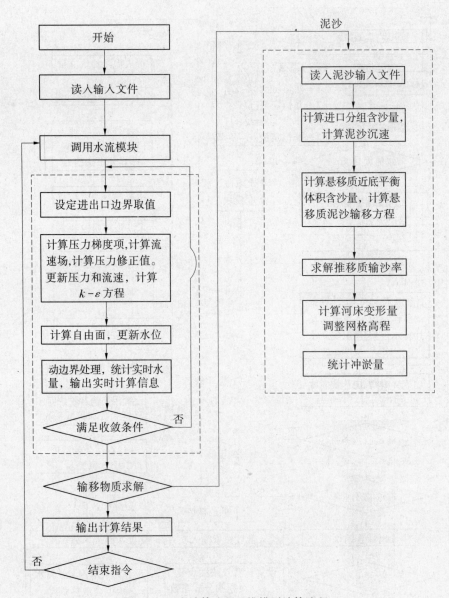

图 7-9 程序计算流程三维模型计算流程

按钮演示河道纵剖面的冲淤变化过程。该模块采用 VB 调用 TChart 控件,不断读入计算结果文件,按固定时间间隔显示,绘图对话框及绘图效果见图 7-16。

2)二维模型动态流场演示

该模块主要用于演示二维模型计算所得的流速场。实现步骤如下:选择二维模型计算方案;将欧拉场数据转化为拉格朗日场粒子质点,生成动态流场数据文件;利用 VB 开发动态演示模块,实现流场动态演示,绘图对话框及绘图效果见图 7-17。生成动态流场的算法如下:

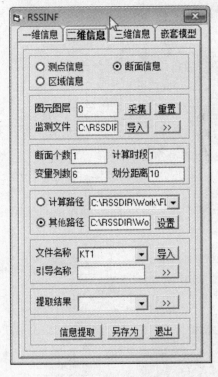

图 7-10　信息提取窗口

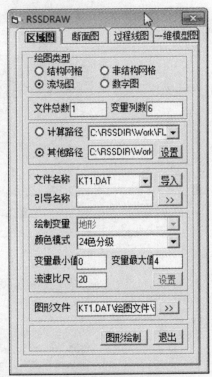

图 7-11　绘图对话框

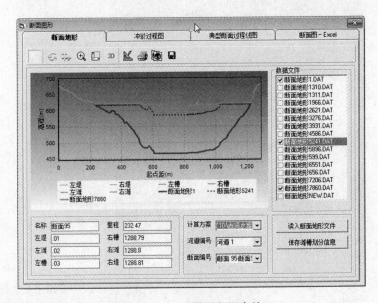

图 7-12　一维模型断面套绘

（1）在计算区域内布置直角格网，在每个格网内布置初始拉格朗日质点，统计每个田字格内的质点总数目。

（2）根据质点所在的位置，计算新的质点坐标，再次统计田字格内的质点数目，如果田字格内质点数目多于设定的上限，减去最先进入田字格的质点，如果田字格内质点数目

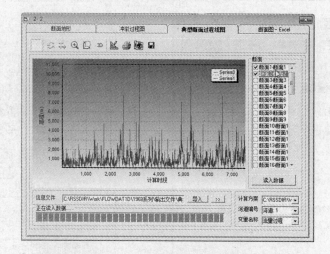

图 7-13　一维模型断面流量过程

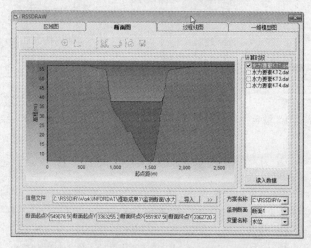

图 7-14　典型断面地形绘图对话框及绘图效果

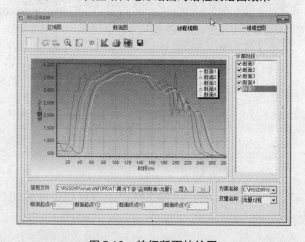

图 7-15　特征断面的绘图

少于设定的下限时,从田字格上游加入新的质点。

(3)输出田字格拉格朗日质点坐标及流速。

(4)采用 VB 调用 TChart 控件,按固定时间间隔显示,即可形成动态流场。

7.4.3.9　窗口模块

该模块用于调整系统的窗口布局,控制系统与 AutoCAD 软件的衔接模式。

7.4.3.10　帮助模块

该模块主要为用户提供一些必要的操作帮助。

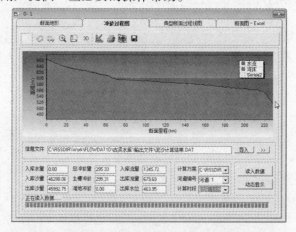

图 7-16　一维模型冲淤过程演示

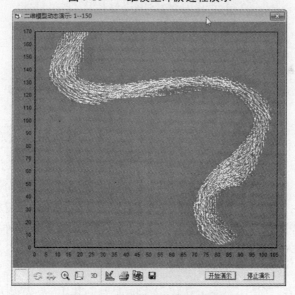

图 7-17　二维模型动态流场演示

参 考 文 献

[1] 左利钦.水沙数学模型与可视化系统的集成研究与应用[D].南京:南京水利科学研究院,2006.

第8章　数值模拟误差来源及控制

8.1　河流数值模拟误差来源

数值模拟误差指数学模型的计算值和真实物理解之间的偏差。数学模型的误差来源于数学模型工作的各个环节,陶文铨建议将数学模型的误差来源分为建模误差、离散误差和计算误差三大类[1],见图 8-1。

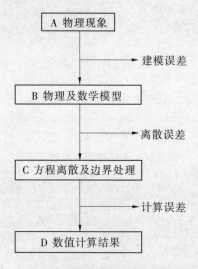

图 8-1　数值计算误差分类

(1)建模误差。建模误差指根据物理现象建立数学模型的过程中,由于对流动现象认识不充分,构建的数学模型不能准确地反映真实物理背景而导致的误差。

(2)离散误差。离散误差包括方程离散过程中不同数值格式的截断误差、网格布置不合理引入的误差、计算边界处理不合理引起的误差。其中:截断误差指在差分格式构建过程中,用差分代替微分,舍弃高阶差商项引起的误差;网格布置指网格的尺度、正交性和网格布置不合适引入的误差;边界处理误差指边界条件的处理方法不合理引入的误差。

(3)计算误差。模型计算过程中产生的计算误差有两种:一是离散方程求解过程中浮点运算的舍入误差,二是由不完全迭代引入的误差。其中:舍入误差指计算过程中,受计算机位数限制,用有限位数的浮点数表示实数时引起的舍入误差;不完全迭代误差指线性方程数值解和真实解之间的偏差。

数值模拟误差来源和控制技术研究是数值模拟技术研究的核心内容之一,如:高级湍流模型的构建及应用、复杂区域网格剖分技术研究、高精度数值计算格式的构建等都是围绕控制计算误差、提高模拟精度而开展的。就河流数值模拟而言,鉴于问题的复杂性和特

殊性,研究过程中应加强误差来源分析,理清误差来源的影响程度和影响机理,同时应该注意以下两点:

(1)根据研究任务,合理选择计算模型。河流泥沙数学模型按照维数可以分为一维模型、二维模型和三维模型。从理论上说,三维模型的理论性最强,引入简化假定最少,建模误差最小,应该是模拟计算最理想的计算模型。但由于模型构建时引入了一系列经验或半经验假定,同时建模误差并不是决定计算误差的唯一因素,因此实际计算中不是选择的计算模型越复杂越好,也不是模型的维数越多越好,数学模型的选择应综合考虑研究任务、已有资料情况等多种因素后慎重处理,以能够满足生产实践需要、计算量合理可控为原则。

(2)重视参数率定和模型验证工作。河流泥沙数学模型构建引入了一系列经验或半经验假定,这些简化假定是否合适,处理措施是否得当,在现有条件下,只有通过验证计算来检验,一般来说,没有经过实测资料验证的模型是不能用来进行工程计算的。参数率定和模型验证过程中,应注意验证资料的代表性,验证资料覆盖的空间、时间和河道冲淤特性应大体上与所研究的问题接近。

8.2　水沙过程概化的误差控制

在进行长系列河床冲淤计算时,为节省计算工作量,常将非恒定水沙过程概化为梯级恒定的水沙过程进行计算[2]。水沙过程概化成果的合理与否直接影响计算精度,以往的概化方法多以人工概化为主,带有较大的主观性,且效率较低,不易保证概化成果的合理性。为此,文献[3]曾基于演化算法(也称遗传算法)的思想,提出了一种高效的概化方法。

8.2.1　非恒定流水沙过程概化的数学描述

假定有 KN 个实测资料组成的非恒定水沙过程($Q_1,Q_2,\cdots,Q_{KN}$),根据计算工作量的要求,需要将其划分为 M 个梯级恒定的 $\overline{Q_i}(i=1,2,\cdots,M)$。其中:

$$\overline{Q_1} = \frac{1}{KN_1}\sum_{k_i=1}^{KN_1} Q_{k_i} \tag{8-1}$$

$$\overline{Q_i} = \frac{1}{KN_i - KN_{i-1}}\sum_{k_i=KN_{i-1}+1}^{KN_i} Q_{k_i} \quad (i=2,3,\cdots,M) \tag{8-2}$$

KN_i 表示 i 时段的划分点,水沙过程概化的任务就是寻找一种最优的划分方法,使概化后的水沙过程最接近原始水沙过程,以减小计算误差。

8.2.2　演化算法的原理和方法

演化算法也称遗传算法,是借鉴生物界自然选择和自然遗传机制而发展起来的一种求解复杂问题的方法,即一个生物种群在进化过程中,要经过杂交、变异、优胜劣汰的自然选择过程,形成下一代群体,如此循环下去,不断进化,最后生存下来的总是最优的,将这种思想运用到算法中去,就形成了演化算法。该算法适用于任何大规模、非线性的不连续多峰函数的优化以及无解析表达式的目标函数的优化。其求解问题的一般步骤如下:

(1)根据待求问题,确定演化的种群,并建立目标函数;

(2)随机生成初始化种群;

(3)根据目标函数,确定种群的适应值;

(4)执行杂交、变异等操作,生成新一代群体;

(5)根据优胜劣汰、适者生存的自然选择原理,保留精英群体;

(6)根据种群的适应值判断是否满足终止条件,若否,转至第(4)步。

8.2.3　演化算法在非恒定流水沙过程概化中的应用

(1)实测资料整理。

非恒定流水沙过程概化一般需要综合考虑水流、泥沙等多种因素,有时候甚至需综合多个测站的情况,为此可对实测水沙资料进行无量纲化,然后进行加权平均,以形成统一的系列资料$(Q_1, Q_2, \cdots, Q_{KN})$。以流量过程和含沙量过程为例,处理方法如下:

$$\hat{Q}_{wi} = \frac{Q_{wi}}{Q_{w\max}} \tag{8-3}$$

$$\hat{Q}_{si} = \frac{Q_{si}}{Q_{s\max}} \tag{8-4}$$

式中:$Q_{w\max}$、$Q_{s\max}$分别为实测水沙过程中流量和含沙量的最大值。

将$\hat{Q}_{wi}$和$\hat{Q}_{si}$进行加权平均,形成统一的系列资料:

$$Q_i = \lambda_Q \hat{Q}_{wi} + (1 - \lambda_Q) \hat{Q}_{si} \tag{8-5}$$

式中:λ_Q为权重,可根据需要自行选择。

(2)演化种群及目标函数的确定。

将非恒定的水沙过程按照时间顺序概化为M个时段,在每个时段内取平均形成梯级恒定流,为保证梯级的水沙过程最接近非恒定水沙过程,最理想的概化方法就是将比较相近的资料归为一时段。因此,我们可以考虑选择划分点$KN_i (i = 1, 2, \cdots, M)$作为演化的种群,并采用组内个体的二阶中心距作为个体归类合适与否的判别依据:

$$\mu_i = \frac{1}{KN_i - KN_{i-1}} \sum_{k_i = KN_{i-1}}^{KN_1} (Q_{k_i} - \overline{Q_i})^2 \tag{8-6}$$

很显然,μ_i越小,时段划分越合理,但是由于每个时段内个体数目是不确定的,且个体数目的改变必然会引起$\overline{Q_i}$的改变,因此很难通过式(8-6)确定最优的概化方法。考虑到水沙过程概化不但要做到局部最优,而且要做到整体最优,因此可以建立目标函数如下:

$$f_g = \sum_{i=1}^{M} \lambda_i \mu_i \tag{8-7}$$

式中:λ_i为每一组在整体中的权重,可取值为$\lambda_i = \dfrac{KN_i - KN_{i-1}}{KN}$。

(3)随机生成初始化种群。

利用随机数生成函数生成$[0,1]$区间上 M 个随机数 $R_i(i=1,2,\cdots,M)$，则每个时段内个体的数目 KN_i-KN_{i-1} 可由下式确定：

$$KN_1 = KN\frac{R_1}{\sum\limits_{i=1}^{M}R_i}$$

$$KN_i - KN_{i-1} = KN\frac{R_i}{\sum\limits_{j=1}^{M}R_j}(i=2,3,\cdots,M)$$

(8-8)

由式(8-8)求出 KN_i，即可形成初始化种群，将其定为临时最优种群。

(4)根据目标函数确定种群的适应值。

根据随机生成初始化的种群 KN_i 即可计算目标函数的适应值。

(5)新一代群体的产生。

利用(2)中的方法生成初始化的新种群 $KN_i^*(i=1,2,\cdots,M)$，将新种群和临时最优种群杂交。为了使新一代群体既能够遗传父辈优良的基因，又可以使新一代群体能够进行变异，以免算法过早产生局部最优解，本章利用随机数生成函数生成遗传因子 λ_{HB}，则新一代群体可以表示为

$$KN_i = \lambda_{HB}KN_i^0 + (1-\lambda_{HB})KN_i^*$$

(6)根据优胜劣汰、适者生存的自然选择原理保留精英群体。

计算新一代群体的适应值，根据目标函数计算其适应值，并根据优胜劣汰、适者生存的自然选择原理保留精英群体。

(7)根据种群的适应值判断是否满足终止条件，若否转至(5)。

(8)根据最优划分点形成梯级恒定流，检查概化结果的合理性。

8.2.4　方法验证

为验证上述方法的可靠性，我们利用 Fortran 语言编制了计算程序，并对某水文测站 2004 年 4～12 月的实测非恒定水沙过程进行概化。非恒定水沙程序概化步骤见图 8-2。

图 8-2　非恒定水沙程序概化步骤

8.2.4.1　仅考虑单因素时的概化(以实测流量过程为例)

将实测 275 d 的流量过程作为分析因素进行概化，将其划分为 M 个梯级恒定流。计算时取 M 分别为 30、100 和 275。图 8-3 给出了概化后的流量过程，从图中可以看出，当 $M=30$ 和 $M=100$ 时，计算程序能够自动分析流量值相似性，并将较为近似的时段归为一组，进而形成梯级恒定流；当 $M=275$ 时，计算程序自动将每个时段单独归为一组。由此表明，上述非恒定流的概化算法设计较为合理，可以实现概化任务。

8.2.4.2　综合考虑水流、泥沙等多因素时的概化

将实测非恒定流流量过程和含沙量过程进行无量纲化，利用式(8-3)～式(8-5)对水

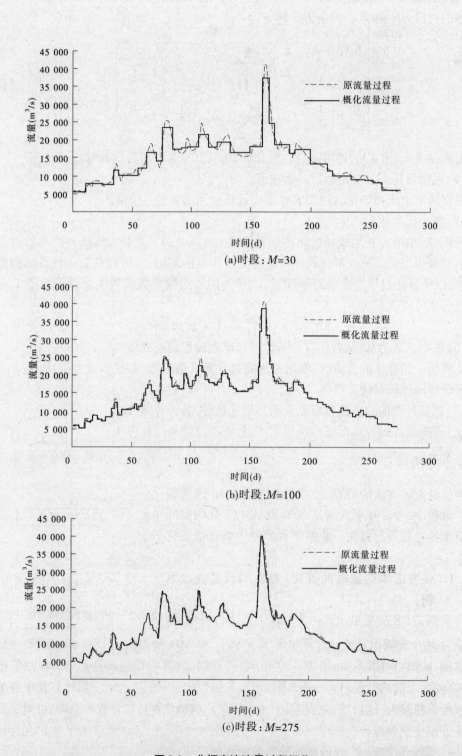

(a)时段：$M=30$

(b)时段：$M=100$

(c)时段：$M=275$

图 8-3　非恒定流流量过程概化

沙过程进行无量纲化(取 $\lambda_Q = 0.5$),然后利用概化程序进行概化,见图 8-4。

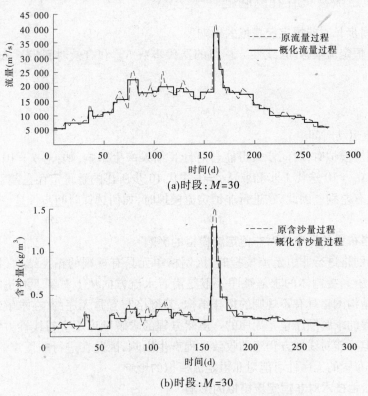

(a)时段: $M=30$

(b)时段: $M=30$

图 8-4　考虑多因素时非恒定流量、含沙量过程概化

由上述验证成果可以看出,在水沙过程概化条件限定的前提下,本书建议的方法可以较为准确地生成与实际水沙过程最接近的概化过程线,且不需要过多的人工干涉,因此可有效控制因水沙过程概化不合理引入的误差。

8.3　不完全迭代误差的控制

不完全迭代误差指线性方程组迭代解和精确解之间的误差,在恒定流模型和非恒定流模型中有不同的影响程度。在恒定流模型中,数值模拟求的是线性方程组的收敛解,因此不完全迭代误差可以通过迭代步数控制,在非恒定流模型中,数值模拟求的是线性方程组的收敛过程,迭代步数受计算时长和迭代步长的双重限制,求解的过程中迭代计算是不完全的,因此不完全迭代误差受计算参数取值影响较为明显。非恒定流模型求解过程中,凡是影响线性方程组收敛特性的计算参数和技术手段均可能影响非恒定流的模拟结果,产生不完全迭代误差,如:恒定流模拟中时间步长的影响仅限于截断误差,但是在非恒定流模拟中,时间步长的影响不仅仅限于截断误差,还包括迭代不完全所造成的计算误差。本节从非恒定流模拟存在的问题出发,从数值模拟时间步长、非结构网格布置的无序性和欠松弛技术等几个方面探讨非恒定流模拟时不完全迭代误差的控制措施。

8.3.1 非恒定流模拟存在的问题

8.3.1.1 时间步长对非恒定流模拟的影响

在进行非恒定流模拟时,线性方程组的迭代步数 N_{Iter} 和有效时间步长 Δt_0 存在如下的关系:

$$N_{Iter} = \frac{T}{\Delta t_0} \tag{8-9}$$

式中:T 为水流运动时间。

在非恒定流模拟时,时间步长可能会对计算结果产生影响,如:对 $T = 10$ s 内的非恒定流运动,取 $\Delta t_0 = 10$ 迭代 1 步和取 $\Delta t_0 = 1$ 迭代 10 步所得的解肯定存在差别,相应不完全迭代误差也有差别。因此,在进行非恒定流模拟时,如何选择时间步长是一个非常值得关注的问题。

8.3.1.2 网格布置的无序性对非恒定流模拟的影响

采用结构网格进行非恒定流模拟时,因网格单元具有规则的拓扑结构(网格编号一般从上游到下游),控制体的求解顺序一般是沿着水流方向从上游到下游进行。同结构网格相比,非结构网格具有不规则的拓扑结构,其网格布置是无序的,在求解线性方程组的过程中,方程的求解顺序也是无序的。虽然方程的求解顺序不会对线性方程组的收敛解产生影响,但可能对线性方程组的收敛过程产生影响,因此在进行非恒定流模拟时,还需要探讨网格布置的无序性可能对非恒定流模拟的影响。

8.3.1.3 欠松弛技术对非恒定流模拟的影响

在二维数模的计算过程中,为增强线性方程组迭代过程的稳定性,常引入欠松弛技术,松弛因子的取值会对线性方程组的收敛过程产生一定的影响,因此在进行非恒定流模拟时,松弛因子的选择也是一个值得探讨的问题。

8.3.2 时间步长对非恒定流模拟的影响

熊小元[3]曾基于曲线网格对长江扬中河段的非恒定流进行了模拟,并探讨了时间步长对非恒定流模拟的影响,其研究成果表明,当采用隐式算法求解非恒定流时,时间步长会对流速和水位计算结果产生影响,当时间步长小于一定值时,计算所得的水位过程和流速分布才和实测值比较吻合;当时间步长增加时,计算值与实测值之间的误差将逐渐增加。为加深对这一问题的认识,本章仍以扬中河段为例,并基于非结构三角网格探讨时间步长对非恒定流模拟的影响。

8.3.2.1 河段概况

图 8-5 给出了扬中河段河势图,计算河段上起五峰山,下至鹅鼻嘴,全长约 92 km。河道平面形态呈两端束窄、中间放宽。最窄处约 1.2 km,最宽处达 14 km,河道属弯曲分汊型。太平洲将水流分为左右两汊,其中左汊为长江主河道,平均河宽约 2.4 km。右汊弯曲狭窄,又称太平洲捷水道,宽约 0.6 km,长期处于萎缩状态。本河段处于长江枯季潮流界上游,河床演变主要受径流控制,但也受潮流的影响。河段内的水位在潮汐的作用下,每日有两涨两落的变化。汛期大部分时间处于潮区界范围,多呈单向流,枯季上游流量

小,潮流作用明显,此时该水域处于潮流界范围。

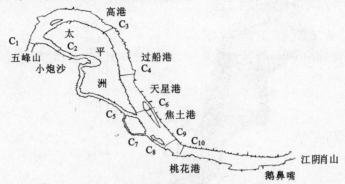

图 8-5　计算河段河势及测量断面布置

8.3.2.2　验证资料

地形资料:采用计算河段 2007 年 6 月实测水下地形资料。

水文资料:采用计算河段 2007 年 8 月的实测水文资料。实测时沿该河段布设了五峰山、高港、小炮沙、过船港、天星港、焦土港、桃花港和江阴肖山共 8 个水位测站测量水位;此外,还布置 C1、C2、…、C10 共 10 个测速断面测量流速(见图 8-5)。

8.3.2.3　计算网格及参数取值

从计算河段的平面形态来看,计算河段平面形态较为复杂,河道内洲滩密布,汊道众多,因此本章采用非结构三角网格对计算区域进行网格剖分。在计算河段布置 73 759 个计算网格,网格间距为 30～200 m。图 8-6 给出计算网格布置情况,从图中可以看出:非结构三角网格能够较好地适应扬中河段复杂的边界,在汊道及地形变化比较复杂的区域均进行了适当的加密。

根据实测资料推算可得计算河段主槽糙率取值范围为 0.017～0.020,滩地糙率取值范围为 0.021～0.028。在计算时,取流速及水位欠松弛因子 0.5,并不断改变时间步长(取 $\Delta t = 2$、3、4、5、6、8、9、10、12、18、24、30 s),对实测非恒定流过程进行复演,并据此分析时间步长对计算结果的影响。

8.3.2.4　时间步长对水位的影响

为定量分析不同时间步长下非恒定流水位的计算值和实测值之间的误差,本章参考文献[3]中的方法,定义水位计算值和实测值平均误差和最大误差分别为

$$\overline{\varepsilon_z} = \frac{1}{n_z n_T} \sum_{j=1}^{n_T} \sum_{k=1}^{n_z} (\mid z_{jk}^* - z_{jk} \mid) \tag{8-10}$$

$$\varepsilon_z = \max(\mid z_{jk}^* - z_{jk} \mid) \quad j = 1,2,\cdots,n_z, k = 1,2,\cdots,n_T \tag{8-11}$$

式中:$\overline{\varepsilon_z}$ 为水位的平均误差;ε_z 为水位的最大误差;z_{jk}^* 为第 j 时段测点 k 处水位计算值;z_{jk} 为第 j 时段测点 k 处水位实测值;n_z 为水位测点个数;n_T 为时段。

图 8-7 给出了不同时间步长下水位计算值和实测值之间的平均误差和最大误差随时间变化情况。从图中可以看出:水位的平均误差和最大误差均随时间步长的增加而增加,这和结构网格上的结果[3](见图 8-7)在定性上是一致的。当时间步长为 2 s 时,水位的平

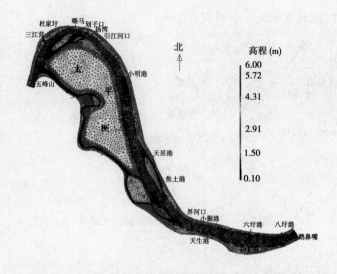

图8-6　计算网格布置

均误差在 0.02 m 左右，最大误差为 0.06 m；当时间步长小于 8 s 时，水位的平均误差稳定在 0.04 m 以下，最大误差稳定在 0.08 m 以下；但是当时间步长增加到 20 s 时水位的平均误差达到 0.20 m，最大误差达到 0.32 m。图 8-8 给出了 $\Delta t = 2$ s 时水位计算值与实测值的比较图。由图可知，$\Delta t = 2$ s 时当水位的计算值与实测值基本吻合。

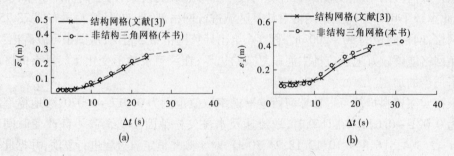

图8-7　水位计算误差随时间步长变化

8.3.2.5　时间步长对流速的影响

定义流速计算值和实测值之间的平均误差和最大误差[3]分别为

$$\overline{\varepsilon}_u = \frac{1}{n_u} \sum_{j=1}^{n_u} (\mid u_j^* - u_j \mid) \tag{8-12}$$

$$\varepsilon_{umax} = \max(\mid u_j^* - u_j \mid) \quad j = 1, 2, \cdots, n_u \tag{8-13}$$

式中：$\overline{\varepsilon}_u$ 为流速的平均误差；ε_{umax} 为流速的最大误差；u_j^* 为流速测点 k 处的流速计算值；u_j 为流速测点 j 处流速测量值；n_u 为流速测点个数。

图 8-9 给出了不同时间步长下流速计算值和实测值之间的误差。从图中可以看出：流速的平均误差与最大误差也随时间步长的增加而增加，当时间步长为 2 s 时，流速平均误差在 0.07 m/s 左右，最大误差为 0.19 m；当时间步长为 8 s 时，流速平均误差为 0.09 m/s，最大误差为 0.29 m/s 以下；当时间步长为 20 s 时，流速平均误差达到 0.45 m/s，最

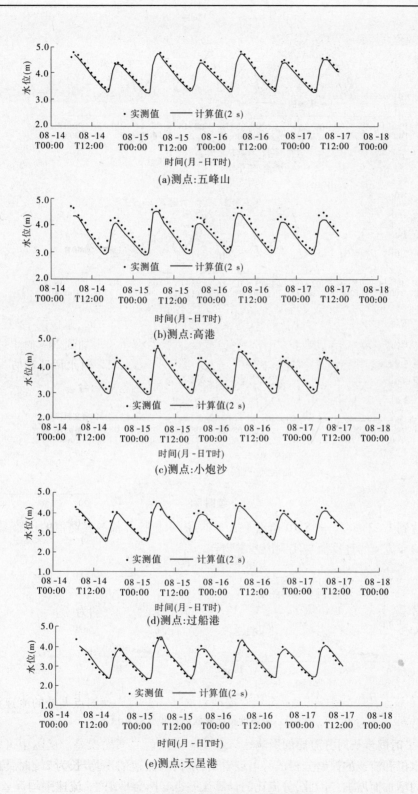

(a)测点:五峰山

(b)测点:高港

(c)测点:小炮沙

(d)测点:过船港

(e)测点:天星港

图 8-8　2007 年水位计算值和实测值比较

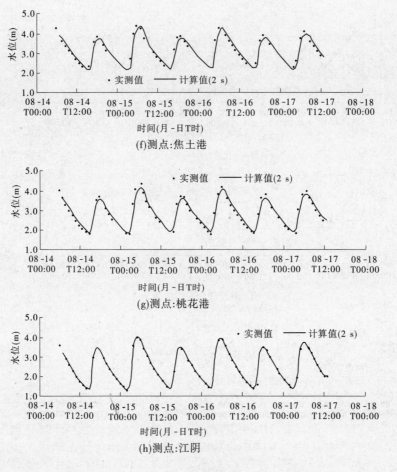

续图 8-8

大误差达到 1.23 m/s。图 8-10 给出了 $\Delta t = 2$ s 时水位计算值与实测值的比较图,由图可知,$\Delta t = 2$ s 流速的计算值与实测值基本吻合。

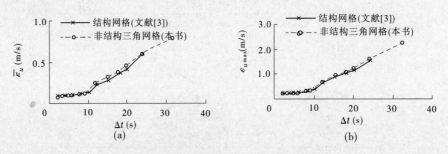

图 8-9　流速计算误差随时间步长变化情况

8.3.2.6　时间步长对分流比的影响

由水位和流速的误差分析成果可以看出,水位和流速的平均误差与最大误差均随时间步长的增加而增加。因此,分流比的计算误差也必然会呈现类似的规律。

表 8-1 给出了 $\Delta t = 2$ s 时分流比实测值和计算值比较。从表 8-1 可以看出,计算分流

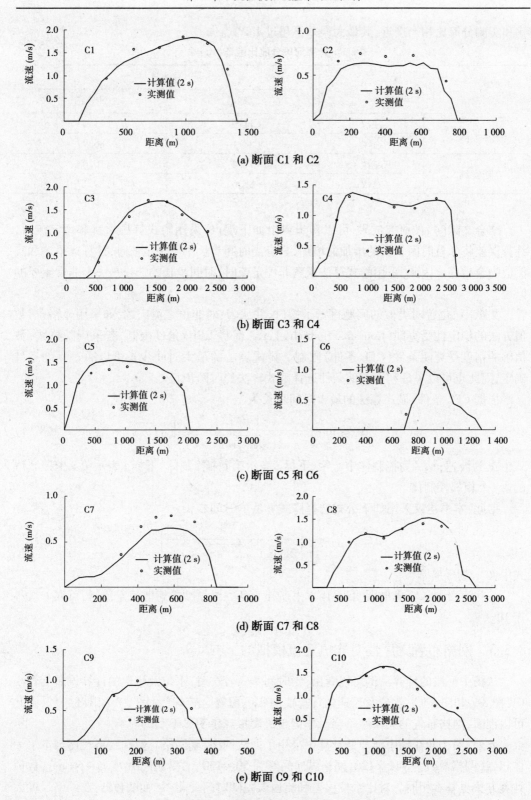

(a) 断面 C1 和 C2

(b) 断面 C3 和 C4

(c) 断面 C5 和 C6

(d) 断面 C7 和 C8

(e) 断面 C9 和 C10

图 8-10　流速计算值与实测值比较

比和实测分流比相当接近,其最大误差不超过 1.2%。

表 8-1　计算河段分流比验证($\Delta t = 2$ s)

河段		分流比	
		实测值	计算值
太平洲	左汊	11.9	13.03
	右汊	88.1	86.97
陆安洲	左汊	11.4	10.83
	右汊	88.6	89.17

　　结合文献[4]的研究成果,可以初步得出如下观点:采用隐式算法求解非恒定流时,计算误差将随着时间步长的增加而增加,只有当时间步长小于一定值时,计算成果才和实测值吻合较好。因此,采用隐式算法求解非恒定流时,时间步长的选择是一个非常重要的问题。

　　文献[4]也曾对类似的问题进行了探讨,并认为:对非恒定流问题,如采用显格式,数值方法的稳定性受克朗(Courant-Friedrichs Lewy,简称 CFL)条件限制,若采用隐格式,数值解的精度受克朗条件(CFL 条件)限制。显式算法的最大时间步长可以通过克朗条件确定,因此也可以考虑利用克朗条件选择隐式算法的时间步长。

　　根据 CFL 条件,显式算法的最大时间步长为

$$\Delta t \leqslant \min\left[\frac{|d_{ij}|}{2\max(\sqrt{u^2+v^2}+c)_{ij}}\right] \tag{8-14}$$

式中:c 为波速;$|d_{ij}|$ 为控制体中心距,下标 i 表示第 i 个控制体,下标 j 表示第 i 个控制体的第 j 个相邻控制体。

　　据此,本书建议采用如下公式选择隐式算法的时间步长:

$$\Delta t \leqslant C_{CFL}\min\left[\frac{R_i}{2\max_j(\sqrt{u^2+v^2}+c)_{ij}}\right] \tag{8-15}$$

式中:C_{CFL} 为经验常数。

　　一些河段的计算成果表明,采用本书所建立的二维模型求解非恒定流时,可取 C_{CFL} 小于 10。

8.3.3　网格布置无序性对非恒定流模拟的影响

　　从扬中河段的计算实例可以看出,当时间步长较小时,水位及流速的计算误差均较小(见图 8-7 和图 8-9),水位及流速的计算值与实测值吻合较好(见图 8-8 和图 8-10),由此可以推断,网格布置的无序性不会对非恒定流模拟产生明显不利的影响。

　　此外,熊小元在扬中河段的计算中采用了曲线网格,其网格总数和网格尺度与本书大体相当(网格总数为 712×120,网格纵向间距为 50~150 m,横向间距为 25~60 m),数值计算方法也基本相同。对比水位误差和流速误差随时间变化图,可以看出:在网格尺度大体相当的条件下,当时间步长较小时非结构网格上的计算精度要高于结构网格的,这说明

对复杂区域进行数值模拟时采用非结构网格能够提高模拟精度;但随着时间步长的增加,非结构网格上计算误差的增长速度要略高于结构网格。

8.3.4 欠松弛技术对非恒定流模拟的影响

8.3.4.1 水位欠松弛因子对非恒定流模拟的影响

将平面二维模型的水位修正方程式(6-37)进行变换,可得

$$Z'_P = \frac{\Delta t}{A_{CV}} \Big[\Big(\sum_{j=1}^{3} A_{Ej}^{P} Z'_{Ej} - \sum_{j=1}^{3} A_{Ej}^{P} Z'_{P} \Big) + b_0^P \Big] \tag{8-16}$$

略去高阶量,可将上式化简为

$$Z'_P A_{CV} = \Delta t b_0^P \tag{8-17}$$

式中:$\Delta t b_0^P$ 为在 Δt 时间内控制体单元蓄水量的变化。

如在水位修正时引入欠松弛因子,相当于将单元体水量调蓄时间缩小了 α_2 倍;如果将整个河道(蓄水池)视为一个控制体,b_0^P 视为河道进出口边界的流量差 $Q_{in} - Q_{out}$,从水量守恒的角度来看,引入欠松弛因子后非恒定流的有效调蓄时间仅为 $\alpha_2 \Delta t$。由此我们可以初步推断,在非恒定流模拟时如引入水位欠松弛因子,有效时间步长 Δt_0 相当于 Δt 的 α_2 倍,即

$$\Delta t_0 = \alpha_2 \Delta t \tag{8-18}$$

作者曾以一矩形水池为例,通过调整时间步长和松弛因子进行蓄水过程的二维非恒定流计算,并根据计算结果探讨了欠松弛技术对非恒定流模拟的影响,计算结果显示,当时间步长较小时,二维模型能够准确地模拟水池的蓄水过程,且有效时间步长 $\Delta t_0 = \alpha_2 \Delta t_0$。为进一步加深对这一问题的认识,本章仍以扬中河段为例,取 $\Delta t = 2$ s,通过不断改变松弛因子对该河段 2007 年 8 月 14 日 07:00 ~ 08:00 的实测非恒定流过程进行复演,并据此分析松弛因子对计算结果的影响。表 8-2 给出了计算工况。

表 8-2　计算工况

工况	Run1	Run2	Run3	Run4	Run5	Run6	Run7	Run8	Run9
α_1	0.3	0.3	0.3	0.5	0.5	0.5	0.7	0.7	0.7
α_2	0.3	0.5	0.7	0.3	0.5	0.7	0.3	0.5	0.7

为便于分析,定义河道槽蓄量的变化为 $\Delta V_{it} (it = 1, 2, \cdots, N_{Iter})$,图 8-11 给出了散点$\Big(\sum_{it=1}^{N_{Iter}} \Delta V_{it} / \Big[\sum_{it=1}^{N_{Iter}} \Delta t (Q_{in} - Q_{out}) \Big], \alpha_2 \Big)$分布图,从图中可以看出,散点较为集中的分布在一直线两侧,相关性较好,由此可见水位欠松弛因子对非恒定流(河道调蓄过程)的影响较为明显。

图 8-12 给出散点$\big(\big[\alpha_2 \Delta t (Q_{in} - Q_{out}) \big]_{it}, \Delta V_{it} \big)$分布图,图中的散点较为集

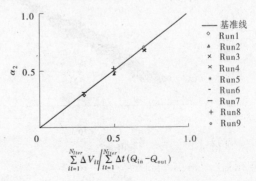

图 8-11　水位欠松弛因子与河道调蓄量的相关关系

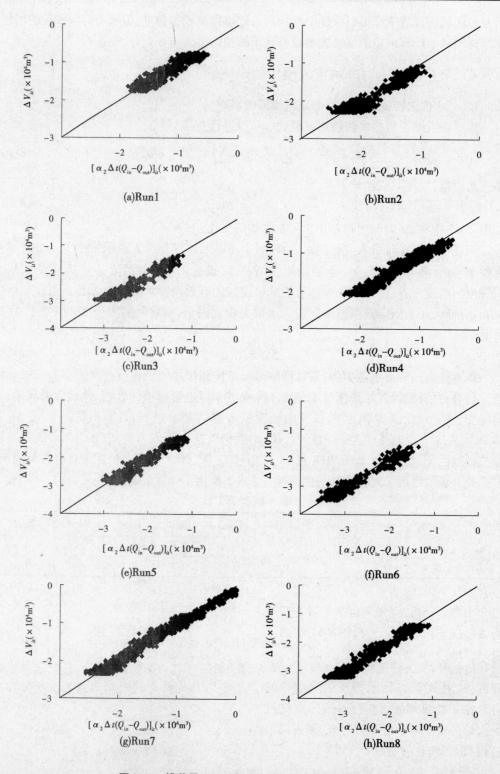

图 8-12　槽蓄量 ΔV_{it} 与 $[\alpha_2 \Delta t (Q_{in} - Q_{out})]_{it}$ 的关系

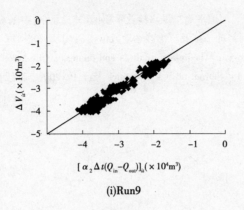

(i)Run9

续图 8-12

中地分布在斜率为 1 的直线两侧。对这些散点进行线性拟合可得

$$\Delta V_{it} = \left[\Delta t_0 (Q_{in} - Q_{out}) \right]_{it} = \left[\alpha_2 \Delta t (Q_{in} - Q_{out}) \right]_{it}, (it = 1, 2, \cdots, N_{Iter}) \quad (8-19)$$

简化式(8-19)可得 $\Delta t_0 = \alpha_2 \Delta t$,这说明数值计算结果和式(8-18)的结论是基本一致的。

8.3.4.2　流速欠松弛因子对非恒定流模拟的影响

流速欠松弛因子用 α_1 表示。图 8-13 给出了散点 $\left(\sum\limits_{it=1}^{N_{Iter}} \Delta V_{it} \middle/ \sum\limits_{it=1}^{N_{Iter}} \Delta t (Q_{in} - Q_{out}), \alpha_1 \right)$ 分布图,图中散点较为分散,相关性较差,说明流速欠松弛因子对非恒定流模拟的影响不甚明显。但是分析图 8-12 可以看出,在计算时间步长和水位欠松弛因子 α_2 相同的条件下,改变流速欠松弛因子 α_1,河道槽蓄量变化的计算值 $\left(\sum\limits_{it=1}^{N_{Iter}} \Delta V_{it} \right)$ 并不完全相同(如 Run1、Run4 和 Run7),这说明流速欠松弛因子或多或少地对非恒定流模拟还存在一定的影响。

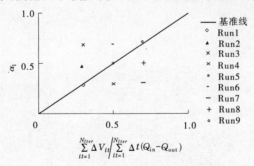

图 8-13　流速欠松弛因子与河道调蓄量的相关关系

由此可见,欠松弛技术对非恒定流模拟的影响是一个非常复杂的问题,在此仅从水量守恒的角度对其进行了初步探讨,并认为非恒定流计算时有效时间步长 Δt_0 近似等于 $\alpha_2 \Delta t$。因此,非恒定流模拟时迭代步数应为

$$N_{Iter} = \frac{T}{\Delta t_0} = \frac{T}{\alpha_2 \Delta t}$$

参 考 文 献

[1] 陶文铨. 数值传热学近代进展[M]. 北京,科学出版社,2000.

[2]李义天,赵明登,曹志芳. 河道平面二维水沙数学模型[M].北京:中国水利水电出版社,2001.

[3] 罗秋实. 基于非结构网格的二维及三维沙运动数值模拟技术研究[D]. 武汉:武汉大学,2009.

[4] Liu Shi－he, Xiong Xiaoyuan. Theoretical analysis and numerical sinulation of turbulent flow around sand waves and sand－bars [J]. Journal of hydrodynamics, Ser. B, 2009, 21(2).

第9章　一维水沙数学模型的开发及应用

9.1　控制方程及定解条件

9.1.1　水流运动控制方程

采用一维非恒定水流运动数学模型描述计算河段的水流运动,控制方程如下:

水流连续方程

$$B\frac{\partial z}{\partial t} + \frac{\partial Q}{\partial x} = q_l$$

水流运动方程

$$\frac{\partial Q}{\partial x} + 2\frac{Q}{A}\frac{\partial Q}{\partial x} - \frac{BQ^2}{A^2}\frac{\partial z}{\partial x} - \frac{Q^2}{A^2}\frac{\partial A}{\partial x}\mid_z = -gA\frac{\partial z}{\partial x} - \frac{gn^2\mid Q\mid Q}{A\left(\dfrac{A}{B}\right)^{4/3}}$$

式中:x 为沿流向的坐标;t 为时间;Q 为流量;z 为水位;A 为过水断面面积;B 为河宽;q_l 为沿程单位河长的流量变化;n 为糙率。

9.1.2　泥沙输移方程

9.1.2.1　悬移质不平衡输沙方程

将悬移质泥沙分为 M 组,以 S_k 表示第 k 组泥沙的含沙量,可得悬移质泥沙的不平衡输沙方程为

$$\frac{\partial(AS_k)}{\partial t} + \frac{\partial(QS_k)}{\partial x} = -\alpha\omega_k B(S_k - S_{*k})$$

式中:α 为恢复饱和系数;ω_k 为第 k 组泥沙颗粒的沉速;S_{*k} 为第 k 组泥沙的挟沙力。

9.1.2.2　推移质单宽输沙率方程

将以推移质运动为主的泥沙归为一组,采用平衡输沙法计算推移质输沙率:

$$q_b = q_{b*}$$

式中:q_b 为单宽推移质输沙率;q_{b*} 为单宽推移质输沙能力,可由已有的经验公式计算。

9.1.3　河床变形方程

河床变形方程的形式如下

$$\gamma'\frac{\partial A}{\partial t} = \sum_{k=1}^{M}\alpha\omega_k B(S_k - S_{*k}) - \frac{\partial Bq_b}{\partial x}$$

式中:γ' 为泥沙干容重。

9.1.4　定解条件

数学模型的定解条件包括边界条件和初始条件。

(1)边界条件。一维非恒定流水沙数学模型的边界条件包括进口边界和出口边界，进口边界一般给定流量过程，出口边界一般给定水位过程。

(2)初始条件。一维非恒定流水沙数学模型的初始条件包括各断面初始流量、水位和含沙量。初始流量和水位可由恒定流模型给出，初始含沙量可根据水流挟沙力赋值。

9.2　数学模型补充方程

9.2.1　非均匀沙水流挟沙力

水流挟沙力采用张瑞瑾公式或张红武公式计算，如采用张瑞瑾公式[1]：

$$S_* = K(\frac{U^3}{gh\overline{\omega}})^m \tag{9-1}$$

$$\overline{\omega} = (\sum_{k=1}^{M} \beta_{*k}\omega_k^m)^{\frac{1}{m}} \tag{9-2}$$

式中：$\overline{\omega}$ 为代表沉速；K、m 分别为挟沙力系数和指数；h 为断面平均水深。

分组水流挟沙力为

$$S_{*k} = \beta_{*k}S_* \tag{9-3}$$

式中：β_{*k} 为水流挟沙力级配，按下式计算：

$$\beta_{*k} = \frac{\dfrac{P_k}{\alpha_k\omega_k}}{\sum\limits_{k=1}^{M}\dfrac{P_k}{\alpha_k\omega_k}} \quad (k = 1,2,\cdots,M) \tag{9-4}$$

式中：P_k 为床沙级配；α_k 为恢复饱和系数。

9.2.2　泥沙沉速

泥沙沉速采用张瑞瑾泥沙沉速公式计算[1]，即

在滞洪区($d < 0.1$ mm)：

$$\omega = 0.039\frac{\gamma_s - \gamma}{\gamma}g\frac{d^2}{\nu} \tag{9-5}$$

在紊流区($d > 4$ mm)：

$$\omega = 1.044\sqrt{\frac{\gamma_s - \gamma}{\gamma}gd} \tag{9-6}$$

在过渡区(0.1 mm $\leq d \leq 4$ mm)：

$$\omega = \sqrt{(13.95\,\frac{\nu}{d})^2 + 1.09\,\frac{\gamma_s - \gamma}{\gamma}gd} - 13.95\,\frac{\nu}{d} \tag{9-7}$$

式中：γ_s 为泥沙容重；γ 为水流容重；d 为泥沙粒径；ν 为黏滞系数，其计算公式为

$$\nu = \frac{0.017\,9}{(1 + 0.033\,7t + 0.000\,221t^2) \times 10\,000} \tag{9-8}$$

式中：t 为水体温度。

9.2.3　床沙起动条件

$$u_{ck} = (\frac{h}{d_k})^{0.14}\left[17.6\,\frac{\rho_s - \rho}{\rho}d_k + 6.05 \times 10^{-7}(\frac{10 + h}{d_k^{0.72}})\right]^{0.5} \tag{9-9}$$

式中：h 为断面平均水深；ρ_s 为泥沙密度；ρ 为水流密度。

9.2.4　推移质输沙率计算

推移质输沙率采用 Meyer – Peter – Muller 公式计算：

$$q_{b*} = \frac{\left[(\frac{n'}{n})^{\frac{3}{2}}\rho ghJ_f - 0.047(\rho_s - \rho)gd_i\right]^{\frac{3}{2}}}{0.125\rho^{\frac{1}{2}}(\frac{\rho_s - \rho}{\rho})g} \tag{9-10}$$

式中：q_{b*} 为单宽推移质输沙率；n' 为河床平整情况下的沙粒糙率系数，此处取 $n' = \frac{1}{24}d_{90}^{1/6}$。

9.3　数值计算技巧

一维模型控制方程离散已在本书第 6 章加以介绍。下面进一步对计算过程中河道拓扑关系处理、内边界处理、局部有压流处理和恒定流与非恒定流自适应计算进行简要说明。

9.3.1　河道拓扑关系处理

河道拓扑关系是指计算区域内不同河段的连接关系。一维模型中河道拓扑关系处理事关计算程序的通用性和实用性，如：不少一维模型因河道拓扑关系处理不当（或者根本没有考虑河道连接关系）导致无法处理支流入汇，也有部分模型虽然考虑了河道连接关系，但不够充分，在一定程度上也影响计算程序的实用性。

9.3.1.1　处理原则

河道拓扑关系处理对象包括河道两岸的支流、引水闸、排水口等和主河道有水量、沙量交换的节点。一般情况下，可以将支流、引水闸、排水口等节点概化为源汇，但有些时候，要求计算支流的水沙运动和河道冲淤变化，就需要将支流作为独立河道处理。

9.3.1.2　处理方法

对源汇节点，定义注入河道和注入断面两个属性。对支流节点，定义河流级别（干流

等级为 0、一级支流为 1、二级支流为 2）、汇入的河流编号和汇入断面的编号。

如图 9-1 所示的计算范围，需要计算 6 个河道的水沙运动和冲淤变化，其中：河道 1 为干流、河道 2 和河道 4 为一级支流、河道 6 和河道 3 为二级支流、河道 5 为三级支流。此外，还有 4 个需要概化为源汇的节点，其中：源汇 1、源汇 2、源汇 3 和源汇 4 分别为河道 3、河道 4、河道 5 和河道 1 上的节点。不同河道及源汇之间的连接关系见表 9-1 和表 9-2。可见，本章对河道拓扑关系的处理简单明了，相应的计算程序能够模拟多级主流入汇的情况，极大地提高了计算程序的通用性和实用性。

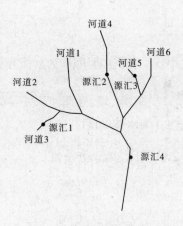

图 9-1 河道关系概化示意

表 9-1 河道连接关系

河道	河道级别	注入河道	注入断面
河道 1	0	0	0
河道 2	1	1	$C_{1,i}$
河道 3	2	2	$C_{2,i}$
河道 4	1	1	$C_{1,i}$
河道 5	3	6	$C_{6,i}$
河道 6	2	4	$C_{4,i}$

注：$C_{n,i}$ 表示注入第 n 个河道第 i 个断面。

表 9-2 源汇连接关系

源汇	注入河道	注入断面
源汇 1	3	$C_{3,i}$
源汇 2	4	$C_{4,i}$
源汇 3	5	$C_{5,i}$
源汇 4	1	$C_{1,i}$

9.3.2 内边界处理

一维模型中内边界包括桥梁、闸、坝、涵洞和倒虹吸等涉水工程。根据它们对水流作用方式和影响效果不同，分为如下几类。

9.3.2.1 桥梁等阻水建筑物

对桥梁等以桩或桩群阻水的涉水建筑物，由于桩基的存在，增加了过水湿周，从而引起局部阻力增加。此时可采用下式计算局部糙率：

$$n_p = \alpha n_2 \left[1 + 2 \left(\frac{n_1}{n_2}\right)^2 \frac{H}{B} \right]^{0.5} \tag{9-11}$$

式中：n_p 为修正后的局部糙率；n_1、n_2 分别为桩基的壁面糙率和河道糙率；B 为桩间距；α 为修正系数，取值为 $1.0 \sim 1.2$。

9.3.2.2　闸、坝、涵洞和倒虹吸等控制性建筑物

有闸、坝、涵洞和倒虹吸的河段，圣维南方程组不再适用，需根据水位流量关系提供内边界。在非恒定流模型中，根据闸、坝前的水位和闸、坝的水位泄流能力曲线，推算闸、坝的泄流量，再进行计算；在恒定流模型中需要根据当前河道流量和闸、坝的水位泄流能力曲线，推算闸、坝前的水位，再参与到整个河道的迭代计算中。

9.3.3　局部有压流处理

有压流和无压流相结合的输水方式广泛存在于人工渠道和天然河道中，如：冬季封河期，水流自没有封河的河段流入封河河段，或者自封河河段流入没有封河的河段；长距离的输水渠道常以有压流与无压流相结合的方式输水。有压流与无压流的处理方式与模拟技术研究一直是研究的重点和难点，目前常常对有压流与无压流分别建立模型进行研究，这种处理方式在模型衔接时会带来诸多不便。本章在明渠流动的基础上进行改进。改进后控制方程如下[2]：

水流连续方程

$$\frac{\partial z}{\partial t} + \frac{w^2}{gA} \frac{\partial Q}{\partial x} = q_l \tag{9-12}$$

水流运动方程

$$\frac{\partial Q}{\partial t} + \frac{\partial}{\partial x}\left(\frac{Q^2}{A}\right) = -gA \frac{\partial z}{\partial x} - J_f \tag{9-13}$$

式中：x 为沿流向的坐标；t 为时间；Q 为流量；z 为水位，对有压流，z 为测压管水位；A 为过水断面面积；B 为河宽；q_l 为沿程单位渠长流量变化。

对明渠流动：

$$w = \sqrt{\frac{gA}{B}}, J_f = \frac{gn^2 |Q| Q}{A \left(\frac{A}{B}\right)^{\frac{4}{3}}}$$

对有压流动：w 为水击波波速，J_f 为有压段的阻力项。

值得说明的是，改进模型对管壁在水压力作用下的变形考虑不是很充分，因此只适合一些压强较低的有压流动的近似计算。

9.3.4　恒定流与非恒定流自适应计算

对长河段、长系列的河床冲淤变形计算，往往需要根据计算要求、计算工作量等灵活选择恒定流模型和非恒定流模型，以降低计算难度，节约计算时间。如：有时候水沙过程中某个流量级持续时间很长，可以概化为恒定流，采用恒定流模型计算，以节约计算时间；有时候某个流量很小，采用非恒定流模型误差较大或者程序稳定性差，不得不采用恒定流模型。对恒定流和非恒定流模型的选用问题，以往多是单一采用一种模型进行计算，其实

最理想的办法就是构建恒定流和非恒定流自适应模型,根据计算水流条件灵活选择恒定流模型还是非恒定流模型,如在汛期出现洪水过程时采用非恒定流模型计算,在非汛期流量较小或者流量变幅不大时采用恒定流模型计算。

本次开发的一维模型考虑了恒定流与非恒定流模型的自适应计算,用户可以根据需要逐时段定义采用恒定流模型或非恒定流模型。

9.4　测试及验证

9.4.1　淮河下游洪水演进

9.4.1.1　基本情况介绍

采用淮河干流蚌埠至盱眙河段的实测资料进行验证计算。蚌埠至盱眙河段全长约190 km。河道左岸为淮北平原,有淮北大堤;右岸为丘陵。河道流量受蚌埠闸调控,非汛期水位受洪泽湖蓄水影响。

9.4.1.2　验证计算资料

地形资料:采用淮河干流蚌埠至盱眙 1991 年的实测断面资料,蚌埠至盱眙之间的河段全长约 190 km,有 539 个实测断面,断面间距为 90~200 m。

水文资料:采用计算河段 1991 年及 2003 年的实测流量及水位资料,淮河干流蚌埠至盱眙的主要控制测站为蚌埠(吴家渡)、五河、浮山、小柳巷和盱眙,见图 9-2。

图 9-2　主要控制站点分布

9.4.1.3　验证成果

图 9-3、图 9-4 给出了不同验证工况下主要控制测站蚌埠(吴家渡)、五河、浮山、小柳巷水位过程计算值与实测值的比较。由图可知,各测站水位过程的计算值和实测值基本一致,其误差一般在 2 cm 之内,个别点达到 10 cm 左右。

在用实测资料进行验证计算的同时,本章还采用 Preissmann 算法进行了计算,见图 9-3 和图 9-4,可以看出本章所建立的模型和 Preissmann 算法的求解结果吻合也较好。由此表明:本章所建立的一维数学模型能够较好地模拟本河段水流运动特性,相应的数学模型和计算方法是正确的,模型中相关参数的取值是合理的。

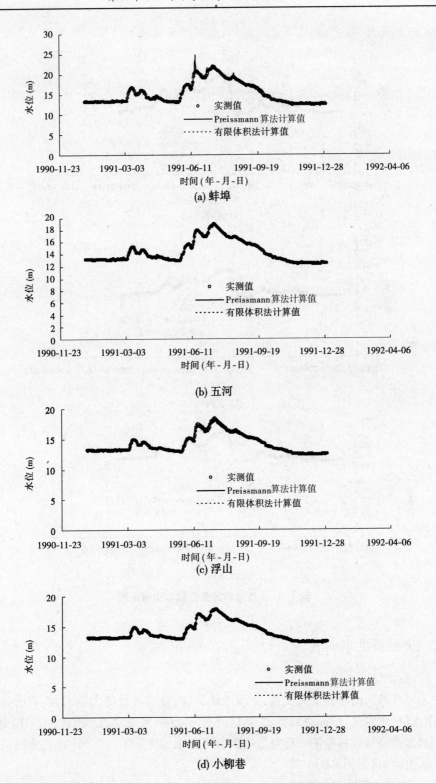

(a) 蚌埠

(b) 五河

(c) 浮山

(d) 小柳巷

图9-3 水位过程计算值和实测值比较

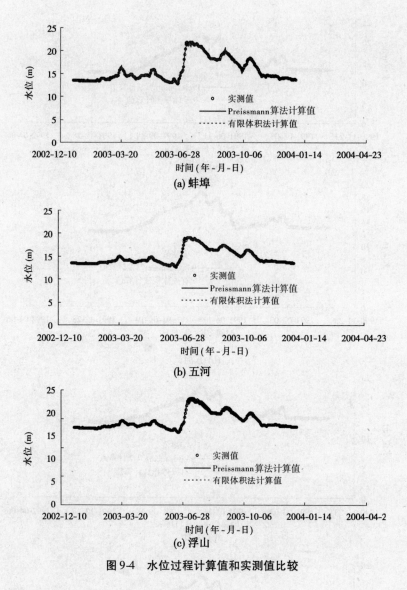

图9-4　水位过程计算值和实测值比较

9.4.2　史灌河洪水演进

9.4.2.1　基本情况介绍

　　史灌河是淮河南岸的最大支流,发源于豫、皖两省交界处的大别山,具有山区河流径流大、集流快、洪峰高、传播快的特点,且区间支流众多,水流复杂。因此,拟采用史灌河实测资料对水流模型进行验证。研究范围为史河梅山水库坝下—三河尖(入淮口),灌河无量寺—入史河口(见图9-5)。

9.4.2.2　验证计算的基本资料

　　地形资料:采用史灌河2009年实测断面资料。

图 9-5　史灌河水系

水文资料:采用固始、蒋集、桥沟和三河尖等测站 2003 年的实测水位资料及蒋集实测流量资料进行验证计算,长江河、羊行河、急流涧河、石槽河和灌河的入流过程按 1983 型洪水资料进行分配。

9.4.2.3　验证计算成果

图 9-6、图 9-7 分别给出了验证计算工况下水位过程、流量过程计算值与实测值的比较。由图可知,各测站水位过程的计算值和实测值基本一致,其误差一般在 10 cm 左右。

从 2003 年实测水位过程与流量过程的验证成果可以看出,验证计算工况下,各测站水位、流量过程的计算成果与实测成果吻合较好,由此表明:该一维数学模型能够较好地

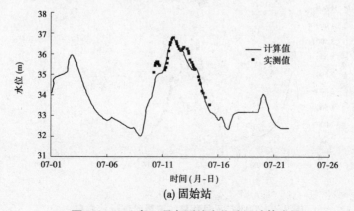

(a) 固始站

图 9-6　2003 年 7 月各测站水位验证计算成果

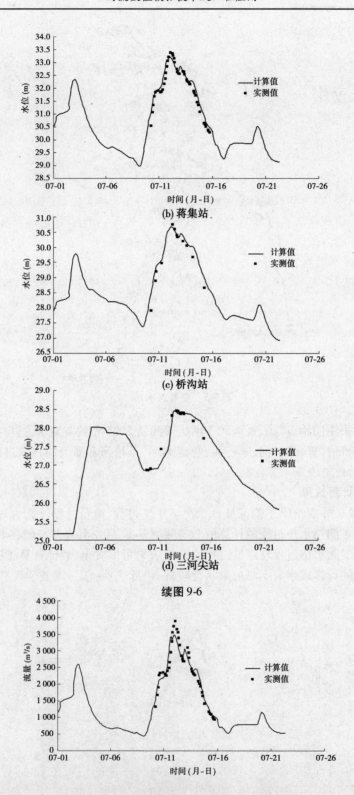

(b) 蒋集站

(c) 桥沟站

(d) 三河尖站

续图 9-6

图 9-7　2003 年 7 月蒋集站流量验证计算成果

模拟汇流河段的水流运动特性,相应的数学模型和计算方法是正确的,模型中相关参数的取值是合理的。

9.5　工程应用

9.5.1　调水调沙预案分析

黄河调水调沙是黄河治理开发的一项重要战略措施,是维持黄河健康生命的重要途径。调水调沙预案是开展调水调沙的基础,对提高调水调沙工作的科学性、合理性及可操作性具有重要的指导作用。调水调沙预案编制过程中,一维模型是评价不同调水调沙方案对下游河道冲刷效果的重要工具。

9.5.1.1　河道基本情况

黄河下游花园口至利津河段全长约 361 km,主要控制站有花园口、夹河滩、高村、孙口、艾山。

9.5.1.2　验证计算

采用 2009 年汛前黄河下游实测大断面资料和 2009 年调水调沙期间黄河下游的实测资料进行模型验证。根据黄河水利委员会公布的资料:2009 年调水调沙期间,进入下游总水量为 45.70 亿 m³。

图 9-8 给出了下游河道主要控制断面流量演进过程。图 9-9 给出了艾山断面流量过程计算值和实测值的比较,由图可知,计算所得的流量过程和实测成果基本吻合。表 9-3 进一步给出了各控制测站洪峰流量计算值和实测值的比较,由表可知,各测站洪峰流量的计算值和实测值之间的相对误差在 - 3.87% ~ 0.08%。

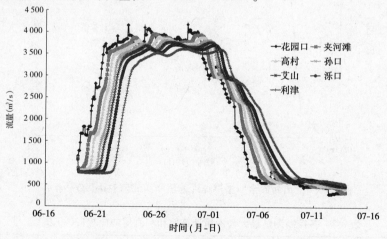

图 9-8　不同测站流量过程计算值(2009 年)

表 9-4 给出了各控制测站最大含沙量计算值和实测值的比较,由表可知,各测站最大含沙量计算值和实测值之间除泺口断面为 358.3%,其他断面相对误差在 - 35.83% ~ - 15.94%。图 9-10 给出了艾山断面含沙量过程计算值和实测值的比较,由图可知,计算

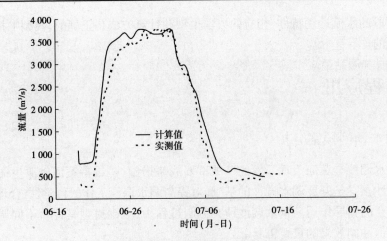

图 9-9　艾山断面流量过程计算值和实测值对比（2009 年）

所得的含沙量过程和实测成果基本吻合。

表 9-3　各控制测站洪峰流量计算值和实测值的比较（2009 年）

站名	花园口	夹河滩	高村	孙口	艾山	泺口	利津
实测值（m³/s）	4 170	4 120	3 890	3 900	3 780	3 710	3 730
计算值（m³/s）	4 170	3 961	3 888	3 813	3 774	3 713	3 629
绝对误差（m³/s）	0	−159	−2	−87	−6	3	−101
相对误差（%）	0	−3.87	−0.06	−2.24	−0.17	0.08	−2.70

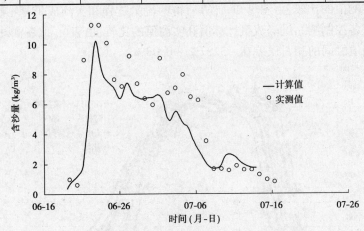

图 9-10　艾山断面含沙量过程计算值和实测值对比（2009 年）

表 9-4　各控制测站最大含沙量计算值和实测值的比较（2009 年）

站名	花园口	夹河滩	高村	孙口	艾山	泺口	利津
实测值（kg/m³）	6.25	7.65	9.41	11.20	11.30	18.00	15.80
计算值（kg/m³）	6.25	5.09	6.19	9.33	10.22	11.55	13.21
绝对误差（kg/m³）	0	−2.56	−1.50	−1.88	−1.90	−6.45	−2.59
相对误差（%）	0	−33.46	−15.94	−16.79	−16.81	−35.83	−16.39

图 9-11 给出了艾山断面水位过程计算值和实测值的比较,由图可知,计算所得的水位过程和实测成果基本吻合。表 9-5 给出了各控制测站最高水位计算值和实测值的比较,由表可知,各测站最高水位计算值和实测值之间的误差,最高水位误差最大不超过水位变幅的 6.17% 。

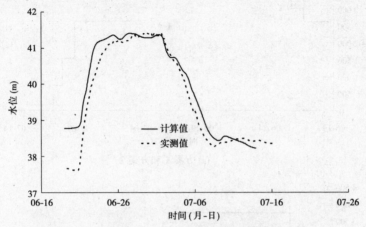

图 9-11 艾山断面水位过程计算值和实测值对比(2009 年)

表 9-5 各控制测站洪峰水位计算值和实测值的比较(2009 年)

站名	花园口	夹河滩	高村	孙口	艾山	泺口	利津
实测值(m)	93.44	73.87	62.28	48.46	41.42	30.76	13.30
计算值(m)	93.65	73.77	62.25	48.33	41.41	30.69	13.30
绝对误差(m)	0.21	-0.10	-0.03	-0.13	-0.01	-0.07	0

9.5.1.3 2012 年汛前调水调沙预案分析

2012 年汛前调水调沙预案拟订 6 个方案,为评价不同方案对黄河下游的冲刷效果,采用一维非恒定流模型进行了计算分析。不同方案进入下游河道的水沙过程见图 9-12,水、沙量统计成果见表 9-6。

表 9-6 设计方案进入下游河道的水沙条件

计算方案	历时(d)	水量(亿 m³)	沙量(亿 t)
方案 1	22	55.99	0.224
方案 2	22	59.01	0.224
方案 3	22	52.88	0.266
方案 4	22	55.90	0.266
方案 5	22	54.43	0.397
方案 6	22	57.46	0.397

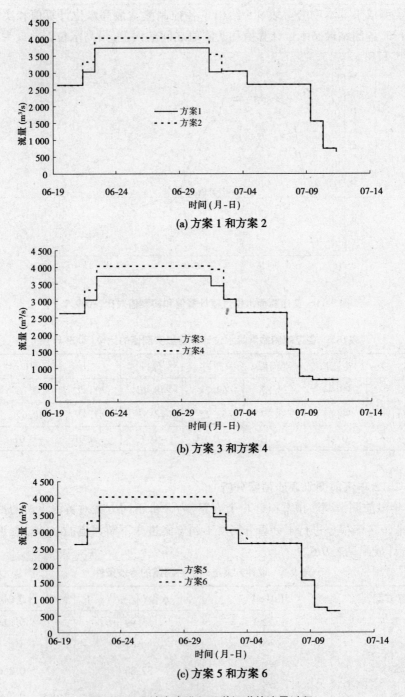

(a) 方案 1 和方案 2

(b) 方案 3 和方案 4

(c) 方案 5 和方案 6

图 9-12　设计方案进入下游河道的流量过程

对于数学模型计算的 6 个方案下游河道,利津以上总冲刷量分别为 0.307 亿 t、0.336 亿 t、0.267 亿 t、0.295 亿 t、0.231 亿 t 和 0.259 亿 t,见表 9-7。

表 9-7　设计方案模型计算下游河道冲淤量

计算方案	河段冲淤量(亿 t)				
	花园口以上	花园口至高村	高村至艾山	艾山至利津	利津以上
方案 1	−0.058	−0.089	−0.095	−0.064	−0.307
方案 2	−0.064	−0.097	−0.103	−0.072	−0.336
方案 3	−0.046	−0.073	−0.088	−0.060	−0.267
方案 4	−0.052	−0.081	−0.095	−0.067	−0.295
方案 5	−0.020	−0.058	−0.091	−0.063	−0.231
方案 6	−0.025	−0.066	−0.098	−0.070	−0.259

9.5.2　输水工程水力过渡过程计算

9.5.2.1　基本情况介绍

南水北调中线一期工程郑州 1 段位于河南省郑州市境内,为南水北调中线一期工程总干渠第 Ⅱ 渠段——沙河南—黄河南段工程的一个设计单元,本段起点桩号为 SH201 + 000,终点桩号为 SH210 + 773,渠段总长 9.773 km,穿越贾鲁河、贾峪河和须水河 3 条较大河流,沿程设置了贾鲁河倒虹吸、贾峪河倒虹吸、贾峪河退水闸、中原西路引水闸和须水河倒虹吸,渠道以明渠和倒虹吸相结合的方式输水。渠道起点设计流量为 285 m^3/s、终点设计流量为 265 m^3/s,贾峪河退水闸设计流量为 142 m^3/s,中原西路引水闸设计流量为 12 m^3/s。采用一维非恒定流数学模型模拟南水北调中线一期工程郑州 1 段在不同运行条件下,渠道内的非恒定流现象,分析压力(倒虹吸输水)、水位(明渠输水)等水力参数随时间的变化情况。

9.5.2.2　计算工况

本章拟定了 5 组计算工况,其中:工况 1 至工况 3 不考虑退水闸退水,渠道下游节制闸关闭时渠道上游节制闸同步关闭,关闭时间分别为 5 min、12 min 和 18 min;工况 4 为渠道下游节制闸关闭时渠道上游节制闸同步关闭,同时考虑退水闸退水,节制闸关闭时间为 18 min,退水闸打开时间为 3.5 min。

9.5.2.3　设计条件复核

采用有压流和无压流通用计算模型模拟渠道内的水流运动。用非恒定流逼近恒定流的方法,对渠道运行设计流量下的过水情况进行模拟,计算成果见图 9-13。从图中可以看出,数学模型计算所得的水面线与渠道设计值基本一致。

9.5.2.4　渠道壅水情况统计成果

表 9-8 给出了不同计算工况下,渠道壅水情况统计。从表中可以看出:

(1)设计流量条件下,不同工况下渠道内的最大壅水高度均出现在须水河倒虹吸节制闸闸前位置,相应于工况 1 至工况 4 渠道最大壅水高度分别为 1.32 m、1.30 m、1.13 m、0.46 m。

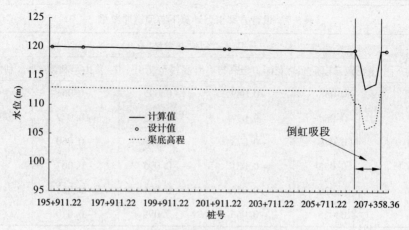

图 9-13　渠道水面线计算值与设计值比较

（2）节制闸调节时间越长，渠道内的最大壅水高度越小。对南水北调干渠郑州 1 段，设计流量条件下，相应于工况 1 至工况 3 渠道最大壅水高度分别为 1.32 m、1.30 m、1.13 m。

表 9-8　计算工况及壅水最大值统计成果

运行工况		工况 1	工况 2	工况 3	工况 4
闸门调度时间	上游闸（关）	5	12	18	18
	须水河节制闸（关）	5	12	18	18
	贾峪河退水闸（开）	—	—	—	3.5
标段起始位置（201 + 000.00）	壅水最大值（m）	0.39	0.3	0.27	0
	出现时间（min）	32	37	43	0
贾峪河退水闸（202 + 506.95）	壅水最大值（m）	0.46	0.43	0.33	0
	出现时间（min）	13	20	26	0
中原西路取水闸（202 + 614.00）	壅水最大值（m）	0.54	0.46	0.34	0
	出现时间（min）	13	20	26	0
须水河倒虹吸进口检修闸（207 + 322.37）	壅水最大值（m）	1.31	1.26	1.04	0.42
	出现时间（min）	12	16	19	17
须水河节制闸（207 + 322.38）	壅水最大值（m）	1.32	1.30	1.13	0.46
	出现时间（min）	12	14	19	17

（3）在节制闸调节过程中，开启退水闸可有效降低渠道内的最大壅水高度。节制闸 18 min 逐渐关闭（工况 3）闸前壅水高度为 1.13 m；若在节制闸开启过程中开启退水闸，闸前壅水高度只有 0.46 m（工况 4）。

9.5.2.5　水位波动过程分析

从典型断面的水位波动过程来看，工况 1 至工况 3 渠道内水流波动在定性上一致，但在定量上有所不同。图9-14给出了工况1条件下渠道内的水位波动过程,从图中可以看出,闸门关闭后渠道末端处水位首先壅高,渠道进口处水位首先降低,渠道内产生非恒定流;随着时间的推移,渠道末端水位达到最大值后,逐渐开始降低,渠道进口水位达到最低值后,逐渐升高,水流来回振荡;由于水流阻力的存在,水流振荡幅度逐渐降低。

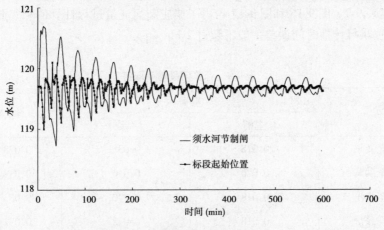

图9-14 典型断面水位过程(工况1)

图9-15给出了工况4条件下渠道内的水位波动过程。工况4条件下,闸门末端节制闸关闭将引起闸前水位壅高,渠道进口节制闸关闭将引起闸后水位降低,渠道内产生非恒定流,这和工况1至工况3在定性上是一致的。但是,由于节制闸调度的同时开启了退水闸,渠道内水位迅速降低,2 h后渠道水流基本泄空。

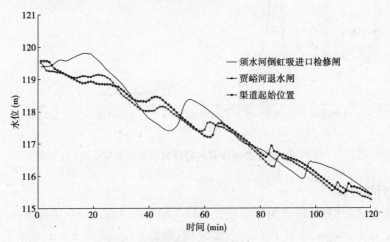

图9-15 典型断面水位过程(工况4)

9.5.3 汾河洪水演进计算

汾河是洪水灾害发生比较频繁的河流,从20世纪的洪水灾害资料看,1942年、1954年、1959年、1977年、1996年均在汾河中下游段形成比较严重的洪水灾害。洪水灾害发生时间一般都在汛期,发生地点主要集中在汾河中下游河段。采用一维非恒定流模型分析了汾河中下游堤防对洪水演进的影响。

9.5.3.1　模型验证

采用汾河干流 1970 年和 1977 年典型洪水进行验证计算。计算河段为赵城至西范,糙率取值见表 9-9。图 9-16 和图 9-17 给出了柴庄断面流量过程计算值和实测值对比,二者较为接近,洪峰传播时间误差一般不超过 2 h。

表 9-9　计算河段糙率取值

河段	糙率		综合糙率
	主槽	滩地	
三坝至义棠	0.018	0.035	0.028 ~ 0.032
赵城至洪洞	0.020	0.040	0.034 ~ 0.036
洪洞至临汾	0.018	0.040	0.033 ~ 0.035
临汾至襄汾	0.018	0.042	0.032 ~ 0.035
柴庄至西范	0.015	0.042	0.029 ~ 0.033

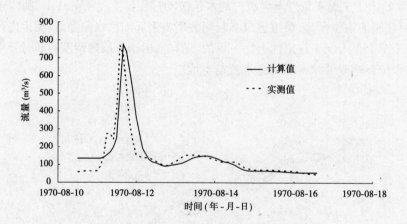

图 9-16　柴庄断面流量过程计算值和实测值比较(1)

9.5.3.2　计算条件

河段划分:将计算河段分为三坝至义棠和赵城至西范两段分别进行计算。其中:三坝至义棠段全长 41.6 km,布置了 84 个计算断面,断面平均间距 0.5 km;赵城至西范段全长约 215 km,布置了 213 个计算断面,赵城至柴庄平均断面间距约 0.5 km,柴庄至西范平均断面间距约 2.0 km。

洪水条件:本次计算采用 1954 年典型天然设计洪水作为计算洪水条件,分析计算了100 年一遇洪水和 50 年一遇洪水的演进过程,如图 9-18 ~ 图 9-22 所示。

9.5.3.3　堤防现状及规划

汾河干流堤防工程的建设始于 20 世纪 70 年代后期,在太原市管辖的河段进行了堤

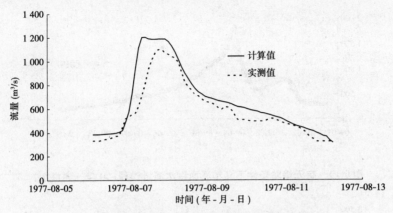

图 9-17　柴庄断面流量过程计算值和实测值比较(2)

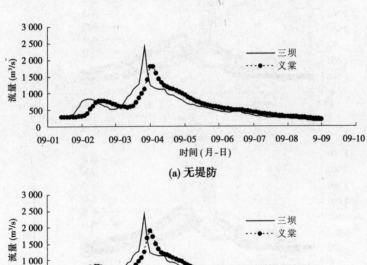

(a) 无堤防

(b) 有堤防

图 9-18　50 年一遇洪水控制断面洪水演进过程

防工程建设 20 km 左右。1998 年长江、松花江发生全流域特大洪水之后,为贯彻落实中央关于加强水利基础设施建设的部署,治理河段共修建堤防 437.61 km。汾河干流堤防工程的建设,虽然在防洪减灾等方面取得了很大的成就,但仍然存在部分河段无堤防、堤防标准不够,堤身质量差、堤防行洪宽度不够、近堤根河较多等问题。

三坝到义棠段两岸堤防不连续,右岸较左岸堤防完整,左岸堤防间断段较多,右岸除中段无堤防(以路代堤)外,大多段落堤防相对完整。河道宽 126 ~ 560 m,最窄处堤防间距约 126 m,最宽约 560 m,两岸堤防大部分按河道主槽随弯就势修筑。

赵城至洪洞段两岸堤防不连续,上段两岸以铁路线、公路及高崖为主,中段堤防、高崖

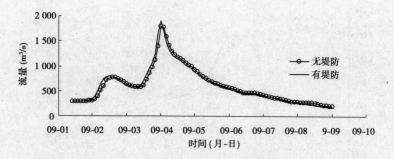

图 9-19　有无堤防条件下义棠断面洪水演进过程(50 年一遇洪水)

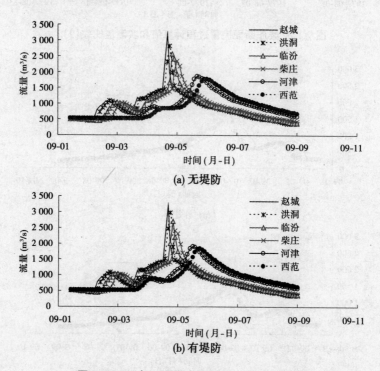

图 9-20　50 年一遇洪水控制断面洪水演进过程

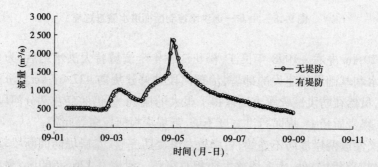

图 9-21　有无堤防条件下柴庄断面洪水演进过程(50 年一遇洪水)

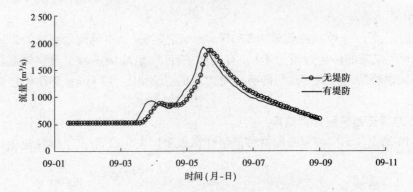

图 9-22　有无堤防条件下河津断面洪水演进过程(50 年一遇洪水)

交错,下段两岸堤防基本连续。

洪洞至临汾段,两岸堤防较完整,现有两岸堤防总长约 46.62 km。右岸堤顶道路已全部新铺筑沙石路面,左岸城区段与城市道路相结合,全部铺筑柏油路面,堤顶已作为城市道路人行道和绿化带的一部分。河段上游为洪洞县城,堤防防洪标准为 50 年一遇。

临汾至襄汾段河道右岸堤防较完整,河道左岸已建堤防不连续,缺口将左岸堤防分割为三大段。该段河道宽 260~410 m,两岸堤防大部分按河道主槽随弯就势修筑。

柴庄至西范段起点为峡谷出口,两岸有高山分布,河道由山区向平原呈蜿蜒型过渡,左岸堤防不完整,右岸堤防较完整。该河段在山西省汾河下游防洪工程治理中已进行了整治,堤防满足防洪要求。

依据《防洪标准》(GB 50201—94)、《堤防工程设计规范》(GB 50286—98),结合规划、可研等前期工作的批复情况以及现状工程实际修建情况,汾河干流治理河段的防洪标准为:除洪洞、襄汾县城段为 50 年一遇标准外,其他均为 20 年一遇。相应的堤防级别为:洪洞、襄汾县城段为 2 级堤防,柴庄至西范河段新绛县城、稷山县城、河津市段为 3 级堤防,其他均为 4 级堤防。

三坝至义棠河段堤线布置原则:尽量利用现状堤防,两岸堤线间距按不小于 250 m 布置,对不满足行洪要求河段,拆除老堤,拓宽堤距;无堤防段堤线布置尽可能利用两岸高坎或已有道路布置堤防,新建堤防与现状堤防平顺连接。

赵城至洪洞段堤线布置原则:尽量利用现状堤防,无堤防段堤线尽可能利用两岸高崖作为防洪屏障,无高崖段修筑堤防,新建堤防应与现状堤防或两岸高崖平顺连接。

临汾至襄汾段堤线布置原则:在原有堤防基础上,无堤防段新修堤防,新修堤防堤线间距不小于 200 m,新建堤防与现状堤防平顺连接。

9.5.3.4　三坝至义唐段计算结果

1)50 年一遇洪水

无堤防条件下,三坝洪峰流量为 2 400 m³/s,演进到义棠洪峰流量衰减为 1 790 m³/s,洪峰从三坝到义棠的传播时间为 5 h。有堤防条件下,洪峰从三坝演进到义棠洪峰流量衰减为 1 795 m³/s,洪峰从三坝到义棠的传播时间为 4 h,二者洪峰流量变化不大,堤防修建后洪峰传播时间减小了 1 h。

2）100 年一遇洪水

无堤防条件下，三坝洪峰流量为 2 910 m³/s，演进到义棠洪峰流量衰减为 2 263 m³/s，洪峰从三坝到义棠的传播时间为 4 h。有堤防条件下，洪峰演进到义棠洪峰流量衰减为 2 278 m³/s，洪峰从三坝到义棠的传播时间为 4 h，二者相比洪峰流量和洪峰传播时间均变化不大。

9.5.3.5　赵城至西范段计算结果

表 9-10 给出了不同控制断面洪峰流量计算成果。表 9-11 给出了洪峰流量传播时间统计成果。

1）50 年一遇洪水

同无堤防条件相比，堤防修建后计算河段各控制断面的洪峰流量均有所增加，增加值在 55 ~ 160 m³/s，洪峰传播时间提前约 6 h。

2）100 年一遇洪水

同无堤防条件相比，堤防修建后各控制断面的洪峰流量均有所增加，增加值一般在 20 ~ 160 m³/s，洪峰传播时间提前约 4 h。

表 9-10　主要控制站断面洪峰流量成果　　　　　　（单位：m³/s）

控制断面	50 年一遇洪水		100 年一遇洪水	
	无堤防	有堤防	无堤防	有堤防
赵城	3 210	3 210	3 840	3 840
洪洞	2 822	2 982	3 343	3 500
临汾	2 573	2 693	3 124	3 204
柴庄	2 348	2 416	2 815	2 916
河津	1 853	1 914	2 310	2 313
西范	1 779	1 834	2 206	2 225

表 9-11　洪峰传播时间统计成果　　　　　　（单位：h）

河段	50 年一遇洪水		100 年一遇洪水	
	无堤防	有堤防	无堤防	有堤防
赵城至洪洞	2	2	2	2
洪洞至临汾	2	2	2	2
临汾至柴庄	4	3	4	3
柴庄至河津	16	13	14	11
河津至西范	8	6	6	6
赵城至柴庄	8	7	8	7
赵城至西范	32	26	28	24

参 考 文 献

［1］张瑞瑾. 河流泥沙动力学［M］. 北京：中国水利水电出版社，1998.

［2］徐景贤. 二滩水电站尾水隧洞过渡过程明满流的实验研究［J］. 水力发电学报，1990，（4）：58-70.

第 10 章　平面二维模型的开发及应用

10.1　控制方程及定解条件

10.1.1　水流运动控制方程

由式(4-41)、式(4-42)即可构成平面二维水流运动的控制方程。为便于表述,去掉水流相的下标 w,用 U、V 分别表示 x、y 方向的水深平均流速,并将张量形式的控制方程展开。

水流连续方程:

$$\frac{\partial Z}{\partial t} + \frac{\partial HU}{\partial x} + \frac{\partial HV}{\partial y} = q_2 \tag{10-1}$$

水流运动方程:

$$\frac{\partial HU}{\partial t} + \frac{\partial HU^2}{\partial x} + \frac{\partial HUV}{\partial y} = -gH\frac{\partial Z}{\partial x} - g\frac{n^2\sqrt{U^2+V^2}}{H^{\frac{1}{3}}}U + \frac{\partial}{\partial x}\left(\nu_T\frac{\partial HU}{\partial x}\right) + \frac{\partial}{\partial y}\left(\nu_T\frac{\partial HU}{\partial y}\right) +$$

$$\frac{\tau_{sx}}{\rho} + f_0 HV + q_2 U_0 \tag{10-2}$$

$$\frac{\partial HV}{\partial t} + \frac{\partial HUV}{\partial x} + \frac{\partial HV^2}{\partial y} = -gH\frac{\partial Z}{\partial y} - g\frac{n^2\sqrt{U^2+V^2}}{H^{\frac{1}{3}}}V + \frac{\partial}{\partial x}\left(\nu_T\frac{\partial HV}{\partial x}\right) + \frac{\partial}{\partial y}\left(\nu_T\frac{\partial HV}{\partial y}\right) +$$

$$\frac{\tau_{sy}}{\rho} - f_0 HU + q_2 V_0 \tag{10-3}$$

式中:Z 为水位;q_2 为单位面积的源汇强度;H 为水深;n 为糙率;g 为重力加速度;ν_T 为水流紊动扩散系数;f_0 为科氏力系数,$f_0 = 2\omega_0\sin\psi$,ω_0 为地球自转角速度,ψ 为计算区域的地理纬度;ρ 为水流密度;U_0、V_0 分别为水深平均源汇速度在 x、y 方向的分量;τ_{sx}、τ_{sy} 分别为 x、y 方向的水面风应力。

$$\tau_{sx} = \rho_a C_w U_w \sqrt{U_w^2 + V_w^2}$$

$$\tau_{sy} = \rho_a C_w V_w \sqrt{U_w^2 + V_w^2}$$

式中:ρ_a 为空气密度;C_w 为水面拖曳力系数,$C_w = 0.001 \times (1 + 0.07 \times \sqrt{U_w^2 + V_w^2})$;$U_w$、$V_w$ 分别为水面以上 10 m 处 x、y 方向的流速。

10.1.2　泥沙输移及河床变形方程

10.1.2.1　悬移质泥沙输移方程

将悬移质泥沙分为 M 组,以 S_i 表示第 i 组悬移质泥沙的含沙量,可将张量形式的挟沙水流运动方程式(4-51)展开为

$$\frac{\partial HS_i}{\partial t} + \frac{\partial UHS_i}{\partial x} + \frac{\partial VHS_i}{\partial y} = \frac{\partial}{\partial x}\left(\nu_{TS}\frac{\partial HS_i}{\partial x}\right) + \frac{\partial}{\partial y}\left(\nu_{TS}\frac{\partial HS_i}{\partial y}\right) - \alpha\omega_i(S_i - S_{*i}) \quad (10\text{-}4)$$

式中：S_{*i} 为第 i 组悬移质泥沙的水流挟沙力；ν_{TS} 为泥沙紊动扩散系数；ω_i 为第 i 组悬移质泥沙颗粒的沉速。

10.1.2.2　推移质输沙率方程

将以推移质运动为主的泥沙归为一组，采用平衡输沙法计算推移质输沙率：

$$q_b = q_b^* \quad (10\text{-}5)$$

式中：q_b 为单宽输沙率。

如果用 q_{bx}、q_{by} 分别表示 x、y 方向上的推移质输沙率，则可取 $q_{bx} = \dfrac{U}{\sqrt{U^2 + V^2}}q_b$，$q_{by} = \dfrac{V}{\sqrt{U^2 + V^2}}q_b$。

10.1.2.3　河床变形方程

$$\gamma'\frac{\partial Z_0}{\partial t} = \sum_{i=1}^{M}\alpha\omega_i(S_i - S_{*i}) + \frac{\partial q_{bx}}{\partial x} + \frac{\partial q_{by}}{\partial y} \quad (10\text{-}6)$$

式中：γ' 为泥沙干容重；α 为悬移质恢复饱和系数（淤积：$\alpha = 0.25$；冲刷：$\alpha = 1.0$）。

10.1.3　温升输移方程

$$\frac{\partial H\Delta T}{\partial t} + \frac{\partial UH\Delta T}{\partial x} + v\frac{\partial VH\Delta T}{\partial y} - \frac{\partial}{\partial x}\left(D_{Tx}\frac{\partial H\Delta T}{\partial x}\right) + \frac{\partial}{\partial y}\left(D_{Ty}\frac{\partial H\Delta T}{\partial y}\right) + \frac{k\Delta T}{\rho C_P} - qT_0 = 0$$

$$(10\text{-}7)$$

式中：ΔT 为温升；D_{Tx}、D_{Ty} 分别为 x、y 向的热扩散系数；ρ 为水流密度；C_P 为水比热；T_0 为热源处的温升；k 为水面综合散热系数。

10.1.4　污染物输移方程

$$\frac{\partial HC_i}{\partial t} + \frac{\partial UHC_i}{\partial x} + \frac{\partial VHC_i}{\partial y} = \frac{\partial}{\partial x}\left(D_{Cx}\frac{\partial HC_i}{\partial x}\right) + \frac{\partial}{\partial y}\left(D_{Cy}\frac{\partial HC_i}{\partial y}\right) - Hk_iC_i \quad (10\text{-}8)$$

式中：C_i 为水体污染物垂向平均浓度；D_{Cx}、D_{Cy} 分别为 x、y 向的污染物扩散系数，k_i 为 C_i 的降解系数。

10.1.5　低放核废液输移方程

$$\frac{\partial HC_i}{\partial t} + \frac{\partial UHC_i}{\partial x} + \frac{\partial VHC_i}{\partial y} = \frac{\partial}{\partial x}\left(D_{Nx}\frac{\partial HC_i}{\partial x}\right) + \frac{\partial}{\partial y}\left(D_{Ny}\frac{\partial HC_i}{\partial y}\right) - H\lambda_iC_i + K_dS\frac{\partial HC_i}{\partial t} + HS_m$$

$$(10\text{-}9)$$

式中：C_i 为考虑水体中泥沙对核素吸附后水相中第 i 种放射性物质的浓度；λ_i 为水体中第 i 种放射性物质的衰减系数；D_{Nx}、D_{Ny} 分别为 x、y 向的污染物扩散系数；S_m 为排放负荷量；K_d 为放射性核素在河流—沉积物体系中的分配系数，定义为干沉积物中核素浓度与水溶液中核素浓度的比值；S 为水中悬移质含沙量。

10.1.6　定解条件

定解条件包括边界条件与初始条件。

边界条件可分为如下三类：

(1)上游进口边界(开边界)Γ_1。进口给定流量、含沙量、污染物浓度、核素浓度或温升沿河宽分布。

(2)下游出口边界(开边界)Γ_2。出口给定水位(或水位流量关系)并按照充分发展流动处理。

(3)岸壁边界(闭边界)Γ_3。岸壁边界按无滑移边界条件，泥沙及输移物质满足不穿透条件。温度按照绝热边界。

初始条件：在计算时，一般由计算开始时刻下边界的水位确定模型计算的初始水位，河段初始流速取为 0，随着计算的进行，初始条件的偏差将逐渐得到修正，它对最终计算成果的精度不会产生影响。

10.1.7　数学模型补充方程

10.1.7.1　分组挟沙力计算

采用文献[1]所建议的方法来计算分组挟沙力，其计算步骤如下：

(1)采用张瑞瑾公式[2]计算水流总挟沙力 S_*。

$$S_* = K\Big[\frac{(U^2 + V^2)^{\frac{3}{2}}}{gH\omega}\Big]^m \tag{10-10}$$

式中：K、m 分别为挟沙力系数和指数；$\bar{\omega}$ 为非均匀沙的平均沉速，$\bar{\omega} = \sum_{i=1}^{M} P_i\omega_i$；$P_i = \dfrac{S'_{*i} + S_i}{\sum_{i=1}^{M}(S'_{*i} + S_i)}$，$S'_{*i} = P_{ui}S_*$，$P_{ui}$ 为第 i 组床沙级配。

(2)分组挟沙力。

$$S_{*i} = P_i S_* \tag{10-11}$$

10.1.7.2　泥沙沉速计算

(1)根据 1994 年水利部发布的行业标准《河流泥沙颗粒分析规程》(SL 42—2010)中推荐的泥沙颗粒沉速计算公式。

当粒径 $d_i < 0.062$ mm 时，泥沙沉速按照斯托克斯公式计算：

$$\omega_i = \frac{g}{18}\Big(\frac{\rho_s - \rho}{\rho}\Big)\frac{d_i^2}{\nu} \tag{10-12}$$

当粒径 0.062 mm$\leqslant d_i \leqslant 2.0$ mm 时，泥沙沉速采用沙玉清过渡公式计算：

$$(\lg S_a + 3.665)^2 + (\lg\varphi - 5.77)^2 = 39.00 \tag{10-13}$$

其中

$$S_a = \frac{\omega_i}{g^{\frac{1}{3}}\Big(\dfrac{\rho_s - \rho}{\rho}\Big)^{\frac{1}{3}}\nu^{\frac{1}{3}}}$$

$$\varphi = \frac{g^{\frac{1}{3}}\left(\frac{\rho_s - \rho}{\rho}\right)^{\frac{1}{3}} d_i}{10\nu^{\frac{2}{3}}}$$

式中：ν 为水的运动黏性系数；d_i 为泥沙颗粒的粒径；ρ_s 为泥沙密度；ρ 为水流密度。

当泥沙粒径大于 2 mm 时，采用冈恰诺夫公式计算沉速：

$$\omega_i = 1.068\left(\frac{\rho_s - \rho}{\rho}gd_i\right)^{0.5} \tag{10-14}$$

（2）采用张瑞瑾公式[2]计算泥沙沉速。

$$\omega_i = \sqrt{\left(13.95\frac{\nu}{d_i}\right)^2 + 1.09\frac{\rho_s - \rho}{\rho}gd_i} - 13.95\frac{\nu}{d_i} \tag{10-15}$$

一些实测资料的验证成果表明，张瑞瑾公式可同时满足滞留区、紊流区和过渡区的沉速计算，本书采用该式计算泥沙沉速。

10.1.7.3　推移质输沙率的计算

采用 Meyer – Peter – Muller 公式计算单宽推移质输沙率，公式形式如下[2]：

$$q_{b*} = \frac{\left[\left(\frac{n'}{n}\right)^{\frac{3}{2}}\rho gHJ - 0.047(\rho_s - \rho)gd_i\right]^{\frac{3}{2}}}{0.125\rho^{\frac{1}{2}}\left(\frac{\rho_s - \rho}{\rho}\right)g} \tag{10-16}$$

式中：n' 为河床平整情况下的沙粒糙率系数。

10.1.7.4　泥沙起动流速

各粒径泥沙颗粒的起动流速采用张瑞瑾公式计算：

$$U_{c,i} = \left(\frac{H}{d_i}\right)^{0.17}\left[17.6\frac{\rho_s - \rho}{\rho}d_i + 6.05 \times 10^{-7}\left(\frac{10 + H}{d_i^{0.72}}\right)\right]^{0.5} \tag{10-17}$$

式中：ρ_s 为泥沙密度；ρ 为水流密度。

10.1.7.5　进口流速分布公式

假定进口边界各点水流为均匀流且水力坡降相等，则应用曼宁公式可得

$$\left.\begin{aligned}
Q_{in} &= \sum_{i=1}^{NB}\frac{B_{in,i}H_{in,i}^{5/3}}{n_{in,i}}\sqrt{J} \\
\sqrt{J} &= Q_{in}\left(\sum_{i=1}^{NB}\frac{B_{in,i}H_{in,i}^{5/3}}{n_{in,i}}\right)^{-1} \\
U_{in,j} &= \frac{1}{n_{in,j}}H_{in,j}^{2/3}\sqrt{J} = Q_{in}H_{in,j}^{2/3}\left(\sum_{i=1}^{NB}\frac{B_{in,i}H_{in,i}^{5/3}}{n_{in,i}}\right)^{-1}
\end{aligned}\right\} \tag{10-18}$$

式中：$U_{in,j}$ 为进口第 j 个节点的流速；$H_{in,j}$ 为进口第 j 个节点的水深。

10.1.7.6　水面综合散热系数

水面综合散热系数是对热量在水体中降减速率的描述，是指水面上每昼夜单位面积、单位气、水温差的散热量，是描述水体废热自净能力的基本参数。水面综合散热系数综合体现水、气交界面上的对流、蒸发、辐射三种散热能力，其中以蒸发散热为主。水面综合散热研究一直是国内外有关学者十分关注的问题，并在试验基础上取得不少的成果，总结了

许多散热系数的计算公式。以应用较多的 Gunneberg 经验公式为例：

$$k = \beta \cdot 2.2 \times 10^{-7}(T_s + 273.15)^3 + (0.0015 + 0.00112U_2)$$

$$\left[(2501.7 - 2.366T_s)\frac{25509}{(T_s + 239.7)^2} \times 10^{\frac{7.56T_s}{T_s + 239.7}} + 1621\right] \quad (10-19)$$

式中：β 为无量纲系数；U_2 为水面以上 2 m 处的风速；T_s 为各个网格节点的计算温升加上环境水温。

10.2　数值计算技巧

平面二维模型控制方程离散已在本书第 6 章加以介绍。下面进一步对计算过程中动边界处理、床沙级配调整、内边界处理、局部有压流动处理和基于多核处理器的并行计算技术进行简要说明。

10.2.1　动边界处理

由于天然河道水位变化较大，河道形态也颇为复杂，要精确反映干湿边界位置的变化是比较困难的。为体现不同水位条件下干湿边界位置的变化，采用了动边界技术，也即将露出单元的河床高程降至水面以下，并预留薄层水深（$H_{\min} = 0.005$ m），同时更改单元的糙率（n 取 10^{10} 量级），使得露出单元的水流运动速度为 0，水深为 $H_{\min}$，水位值由附近未露出的点的水位值外插得到，这样就将复杂的移动边界问题处理成固定边界问题。

10.2.2　床沙级配调整

采用分层模式处理床沙级配变化，对于每一单元，可将网格单元所在位置的河床可动层划分为表层、中间层和底层共三层。假定在计算时段内各层界面都固定不变，泥沙交换限制在表层内进行，中间层和底层暂时不受影响。在时段末，根据单元床面的冲刷或淤积，往上或往下移动表层和中间层，保持这两层的厚度不变，而令底层随冲淤厚度的大小而变化。此外，还需考虑由于泥沙冲淤变化所引起的表层级配变化自上而下对各层级配变化的影响。

10.2.3　内边界处理

计算区域内常常存在桥梁、码头、闸、堰、涵洞等涉水建筑物，如图 10-1 所示。对桥梁、码头等以桩或桩群阻水的涉水建筑物，采用局部加糙的方法进行处理，加糙方法参考一维模型内边界处理。对于闸、坝、涵洞和倒虹吸等控制性建筑物，原则上考虑为入流或出流边界，根据建筑物的水位流量关系确定过流条件，如：南四湖上级湖和下级湖湖区水流运动计算，可以考虑将上下级湖分为两部分，将二级坝转化为上级湖的出口边界、下级湖的入口边界，由二级坝的水位流量关系曲线确定计算边界条件。

对水头较低、以自由漫流为主且不便于考虑为出流边界的控制性建筑物，可近似假定流过控制性建筑物的水流满足平面二维模型的基本假定，利用平面二维模型控制方程模拟其水流运动，过流能力通过调整局部糙率系数满足，如低水头、高淹没度的涵、闸、分蓄

堰　　　　　　　　　涵洞

桥　　　　　　　　　闸

图 10-1　二维模型计算区域内涉水建筑物示意

洪区的隔堤等。模型计算时只需要定内边界种类和运用条件,即可以通过平面二维模型控制方程统一求解。根据不同建筑物的性质,概化了 4 类内边界。

(1)无控制性、自由冲刷的堤坝,主要用于定义具有一定抗冲能力的土质建筑物。计算过程中,程序读入建筑物的坝面高程,将局部地形修改为坝面高程,当水位高于建筑物的坝面高程后,开始过流,坝面可以自由冲刷,如分蓄洪区内的隔堤、黄河下游滩区上的生产堤均可以定义为此类内边界。

(2)瞬间溃塌的堤坝,主要用于定义漫流后会很快溃决的土质建筑物。计算过程中,程序读入建筑物的坝面高程,将局部地形修改为坝面高程,判断水流条件是否满足建筑物启用条件,当水流条件满足建筑物的启用条件时,认为建筑物会瞬间溃决,如堤防上没有闸门控制的分洪口门;当河道水流条件满足分蓄洪区启用条件时,需要人工决口的部位可定义为此类内边界。

(3)自由漫流的堤坝,主要用于定义具有抗冲能力的涉水建筑物,如混凝土溢流堰。计算过程中,程序读入建筑物的坝面高程,将局部地形修改为坝面高程,水位高于建筑物的坝面高程后,开始过流,坝面不参与变形计算,如黄河下游滩区的混凝土路、避水台等可定义为此类内边界。

(4)人工调度的闸坝,主要用于定义满足某一条件后,需要通过人工调度才开始过流的控制性建筑物。计算过程中,程序读入建筑物的起调水位,当水位高于建筑物的起调水位后,开始过流,闸底不参与变形计算,如分洪闸等建筑物可定义为此类内边界。

对于涵洞等过流过程中会出现具有有压流动的涉水建筑物,在定义内边界时还需要确定通过内边界的水流液面能够达到的最大高程,如涵洞需要确定涵管的顶部高程。计算过程中,当判断液面达到涵管顶部时,按照局部有压流动处理。

10.2.4　局部有压流动处理

计算区域内,水流流过由冰面覆盖的区域、倒虹吸或涵洞等水工建筑物时,可能存在有压流动。局部有压流动的处理是平面二维模型构建过程中的难点之一,在很多时候甚至直接影响计算精度,如南水北调中线工程干渠两侧串流区,部分水流会通过涵洞流到干渠的另一侧,水位较低时涵洞内水流为无压流动,水位上升到一定程度后涵洞内水流为局部有压流,如何相对准确地处理局部有压流动是决定计算精度的关键因素。

假定通过复杂内边界的局部有压流动符合平面二维模型的基本假定,从平面二维模型的基本方程出发进行改进,使其能够处理局部有压流动。假定在具有有压流动段,测压管水位为

$$Z = Z_0 + \frac{1}{\rho g}P_0 \qquad (10\text{-}20)$$

式中:Z_0 为局部有压段液面高程;P_0 为管道顶部的压强。

在式(10-20)中,若水流没有的达到管道顶部,则为无压流动,Z_0 为水位,P_0 为大气压强(取值为 0);若水流达到管道顶部后,则 Z_0 为管道顶部高程,也即水流液面能够达到的最大高程,P_0 为液面压强。

复杂内边界过流能力的复核需要通过局部糙率系数来调整实现。将式(10-20)代入式(10-2)和式(10-3),即可处理局部有压流动。

值得说明的是,在改进模型的过程中忽略了固壁边界在水压力作用下的变形,因此只适合一些压强较低的有压流动的近似计算。

10.2.5　基于多核处理器的并行计算技术

10.2.5.1　开发平台

多核处理器是在一个 CPU 上集成多个核心,通过共享通用的存储空间进行通信,进而实现对多任务的并行处理,因此可以作为并行计算的硬件平台,采用并行编程来发挥其性能。并行平台的通信模型包括共享数据(POSIX、Windows 线程、OpenMP)和消息交换(MPI、PVM)两种。

多核程序开发平台的选择主要基于如下两种考虑。从硬件环境来看,OpenMP 是一种支持共享存储的并行编程标准,在共享存储的硬件环境下,应该优先采用 OpenMP 编程。此外,从 OpenMP 并行程序执行机制来看,OpenMP 并行程序采用 fork/join 并行模式(见图 10-2),即程序执行时启动一个主线程,程序中的串行部分由主线程执行,遇到并行指令将自动派生多个线程进行并行处理,并行模块执行完毕只保留主线程。利用 OpenMP 并行编程标准可以很方便地将程序执行过程中派生的多个线程自动分配在多个核心上,进行并行处理(见图 10-2),程序执行效率较高。同消息传

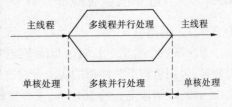

图 10-2　OpenMP 并行程序执行过程

递(MPI)和 HPF 等并行编程模型相比,OpenMP 并行编程标准更适合开发基于多核处理器的计算程序。文献[3]曾对 n 皇后算法进行了改进,并利用 OpenMP 多线程编程模型开发了基于多核处理器的计算程序,结果表明,在双核处理器上优化后的算法运行速度提高了 70% ~98% 。

　　OpenMP 的并行指令是通过一套编译执导语句和一个用来支持它的函数库创建的。OpenMP 编译执导指令,每一行都是以!＄OMP 开头,仅需要对现有代码增加一些简单的指令,便可以得到立竿见影的性能提升。目前,Intel Visual Fortran9.0 以上版本的编译器均提供了对 OpenMP 的支持,将基于 Intel Visual Fortran9.0 编译器开发基于多核处理器的水沙计算程序。

10.2.5.2　程序设计

　　OpenMP 程序的并行过程是通过派生多个线程来实现的。多线程技术适合开发粒度为循环级的并行程序,而平面二维模型的计算负载也主要集中在大型循环上,因此利用 OpenMP 并行指令对二维模型中的主要循环过程逐一进行了优化。如对平面二维模型通用离散方程的求解:

```
DO WHILE(方程收敛条件)
!＄OMP PARALLEL DO
DO I＝1,NV    !NV 单元个数
求解表达式
ENDDO
!＄OMP END PARALLEL DO
ENDDO
```

程序中,!＄OMP PARALLEL DO 和!＄OMP END PARALLEL DO 是针对多核处理器而加入的代码。若编译器不支持 OpenMP 标准,优化代码将作为注释语句处理;若编译器支持 OpenMP 标准,将生成支持多核处理器的计算程序。对于优化后的可执行程序,采用的fork/join 的并行模式,程序开始时启动一个主线程,遇到!＄OMP PARALLEL DO 语句,自动开启多个线程在多个核心上并行处理循环过程。最后,值得一提的是,在优化过程中必须正确区分并定义并行过程中共享变量和私有变量。

10.3　测试及验证

10.3.1　河道非恒定流验证计算

10.3.1.1　河道概况

　　为测试数学模型对长河段非恒定流的模拟能力以及动边界判断等关键技术问题的处理效果,采用黄河下游河道的实测资料进行了验证计算。验证河段为黄河下游花园口—艾山河段,该河段全长约 361 km,主要控制站有花园口、夹河滩、高村、孙口和艾山。

10.3.1.2　验证资料

　　地形资料:通过解析 GE 的地形信息生成全河道地形,然后根据 2009 年的实测大断面资料对河槽地形进行修正。

　　水文资料:采用黄河下游 2009 年、2010 年和 2011 年汛前调水调沙期间的实测水沙资料进行模型验证。根据黄河水利委员会公布的资料:2009 年调水调沙期间,进入下游的总水量为 45.70 亿 m^3;2010 年调水调沙期间,进入下游的总水量为 52.80 亿 m^3;2011

年调水调沙期间,进入下游的总水量为49.28亿m³。表10-1~表10-4分别给出了下游河道的引水引沙量和河道冲淤量,图10-3~图10-5给出了花园口断面的实测水沙过程。

表 10-1　2009 年调水调沙期间黄河下游引水引沙量

河段名	小花区间	花夹区间	夹高区间	高孙区间	孙艾区间	艾泺区间	泺利区间	利津以下	合计
引水量(亿m³)	0.82	1.19	2.01	2.25	0.47	0.41	0.45	0.05	7.65
引沙量(万t)	39.30	50.58	68.12	85.53	28.21	26.90	32.18	5.69	336.51

注:小代表小浪底,花代表花园口,夹代表夹河滩,高代表高村,孙代表孙口,艾代表艾山,泺代表泺口,下同。

表 10-2　2010 年调水调沙期间黄河下游引水引沙量

项目	小花区间	花夹区间	夹高区间	高孙区间	孙艾区间	艾泺区间	泺利区间	利津以下	合计
引水量(亿m³)	0.98	1.84	2.22	2.24	1.25	0.81	1.21	0.11	10.66
引沙量(万t)	141.99	76.92	132.79	188.95	82.06	62.73	99.78	4.62	789.84

表 10-3　2011 年调水调沙期间黄河下游引水引沙量

项目	小花区间	花夹区间	夹高区间	高孙区间	孙艾区间	艾泺区间	泺利区间	利津以下	合计
引水量(亿m³)	0.84	1.91	3.08	2.51	0.85	1.05	1.55	0.27	12.06
引沙量(万t)	50.20	56.08	212.21	149.17	61.27	70.65	91.63	26.89	718.10

表 10-4　调水调沙期间黄河下游河道冲淤量

年份	小浪底—花园口	花园口—夹河滩	夹河滩—高村	高村—孙口	孙口—艾山	艾山—泺口	泺口—利津	小浪底—利津
2009	-901	-529	-424	-898	240	-306	-264	-3 082
2010	-121	-489	413	-862	-257	-904	-212	-2 432
2011	-165	-55	-671	-444	146	-425	279	-1 335

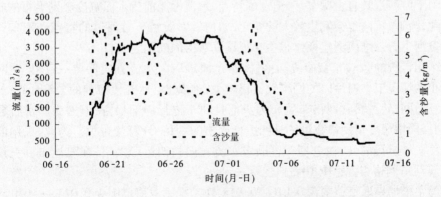

图 10-3　2009 年花园口实测水沙量过程

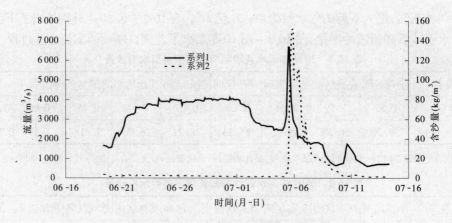

图 10-4　2010 年花园口实测水沙量过程

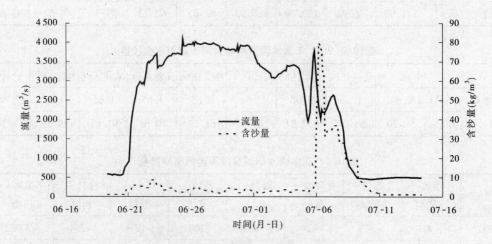

图 10-5　2011 年花园口实测水沙量过程

10.3.1.3　计算网格及参数取值

黄河下游河道具有主槽窄、滩地宽的特点,水流漫滩前后水面宽度会发生数倍或数十倍的变化,流速、流向也会发生较大的变化,如何针对黄河下游河道的特点合理布置计算网格是黄河下游二维模型建模过程中必须认真对待的问题之一。

如采用传统的(非)正交曲线网格,网格走向难以与水流方向保持一致,且在网格尺度非常小的情况下主河道内的网格数目仍较少,难以进行水流漫滩前的二维计算;如采用非结构三角网格,虽然其网格布置较为灵活且便于进行局部加密,但网格加密后数目较多,在同样网格尺度下网格数量约是四边形网格的两倍,计算量也大。为此,采用混合网格对计算区域进行剖分(在主槽布置顺应水流方向的四边形网格,在滩地布置三角形网格),计算河道网格布置见图 10-6。

黄河主槽糙率取值范围为 0.010 ~ 0.015,滩地糙率取值范围为 0.023 ~ 0.030。

10.3.1.4　计算流场的合理性分析

图 10-7 给出了 2009 年 6 月 28 日 12 时计算河段流场图,由图可知计算河段流场变化平顺,干湿边界区分明显,从定性来看,结果较为合理。

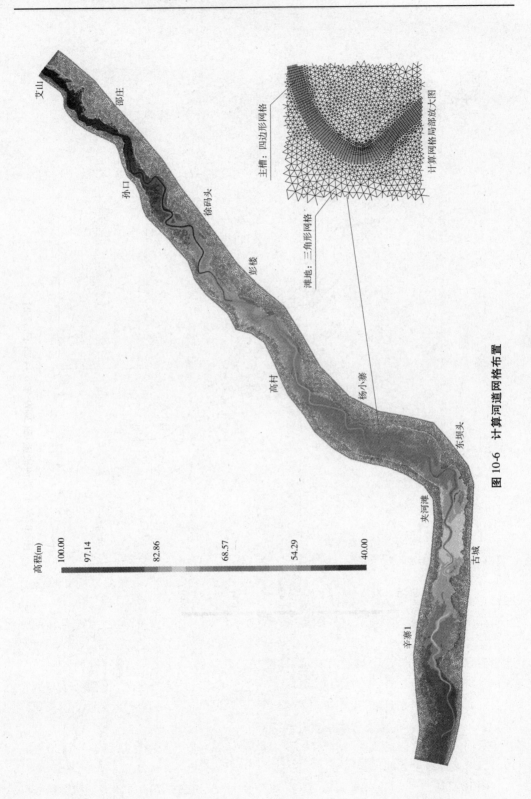

图 10-6　计算河道网格布置

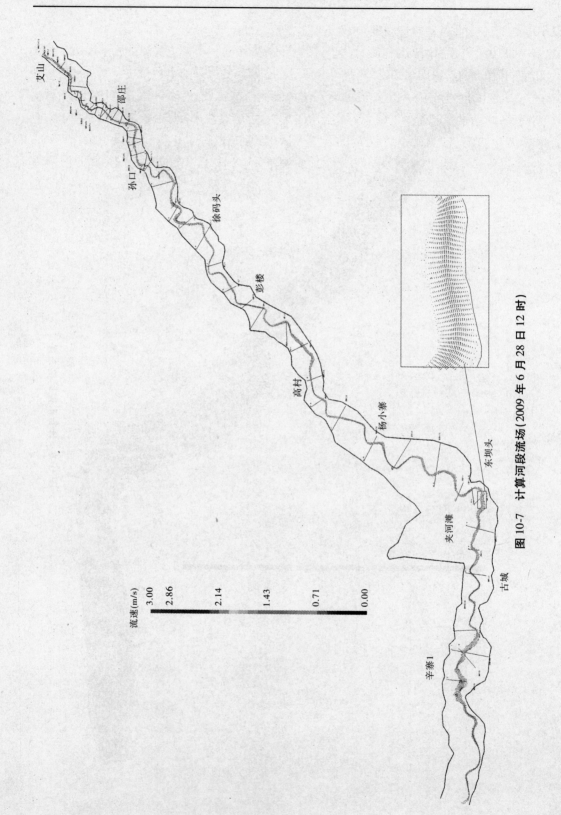

图 10-7　计算河段流场（2009 年 6 月 28 日 12 时）

10.3.1.5　流量过程验证成果

图 10-8 为各测站流量过程计算值,图 10-9 给出了黄河下游主要测站流量过程计算值和实测值的比较,由图可知,计算所得的流量过程和实测成果基本吻合。表 10-5 ~ 表 10-7 进一步给出了各控制测站洪峰流量计算值和实测值的比较,由表可知,2009 年调水调沙期间,各测站洪峰流量的计算值和实测值之间的相对误差为 - 5.24% ~ 0.45%;2010 年调水调沙期间,各测站洪峰流量的计算值和实测值之间的相对误差为 - 15.32% ~ - 14.11%;2011 年调水调沙期间,各测站洪峰流量的计算值和实测值之间的相对误差为 - 2.69% ~ 7.03%。

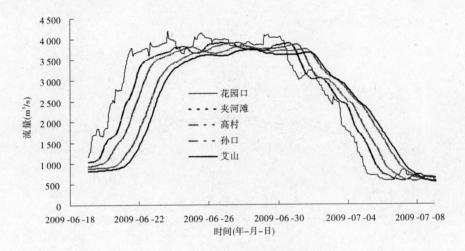

图 10-8　各测站流量过程计算值

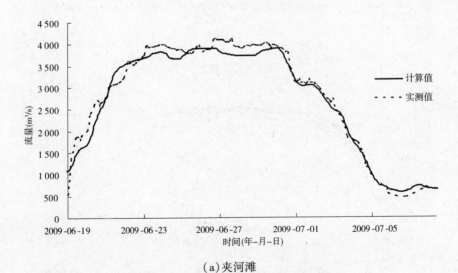

(a)夹河滩

图 10-9　流量过程计算值与实测值比较

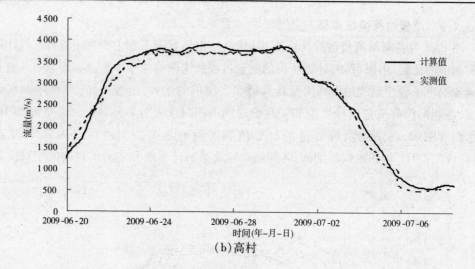

（b）高村

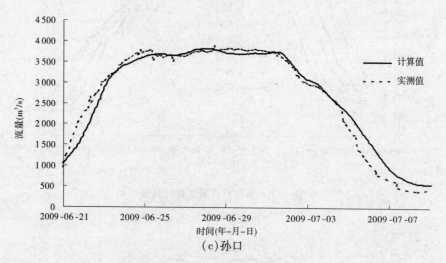

（c）孙口

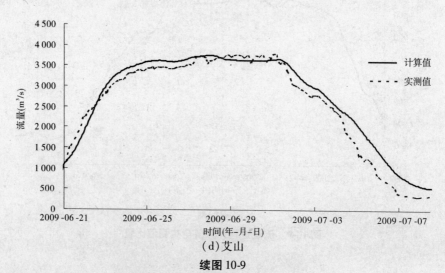

（d）艾山

续图 10-9

表 10-5　2009 年各控制测站洪峰流量计算值和实测值的比较

站名	花园口	夹河滩	高村	孙口	艾山
实测值(m³/s)	4 170	4 120	3 890	3 900	3 780
计算值(m³/s)	4 170	3 904	3 907	3 824	3 752
绝对误差(m³/s)	0	−216	17	−76	−28
相对误差(%)	0	−5.24	0.45	−1.95	−0.73

表 10-6　2010 年各控制测站洪峰流量计算值和实测值的比较

站名	花园口	夹河滩	高村	孙口	艾山
实测值(m³/s)	6 680	5 290	4 700	4 510	4 450
计算值(m³/s)	6 680	4 480	4 010	3 874	3 783
绝对误差(m³/s)	0	−810	−690	−636	−667
相对误差(%)	0	−15.32	−14.68	−14.11	−14.98

表 10-7　2011 年各控制测站洪峰流量计算值和实测值的比较

站名	花园口	夹河滩	高村	孙口	艾山
实测值(m³/s)	4 100	3 960	3 640	3 560	3 470
计算值(m³/s)	4 100	3 854	3 835	3 795	3 714
绝对误差(m³/s)	0	−106	195	235	244
相对误差(%)	0	−2.69	5.37	6.60	7.03

10.3.1.6　含沙量过程验证成果

图 10-10 为各测站含沙量过程计算值,图 10-11 给出了黄河下游主要测站含沙量过程计算值和实测值的比较,由图可知,计算所得的含沙量过程和实测成果基本吻合。表 10-8 ~ 表 10-10 给出了各控制测站最大含沙量计算值和实测值的比较,由表可知,2009 年调水调

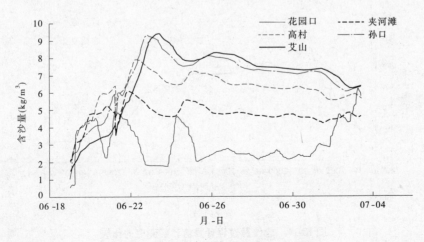

图 10-10　2009 年各测站含沙量过程计算值

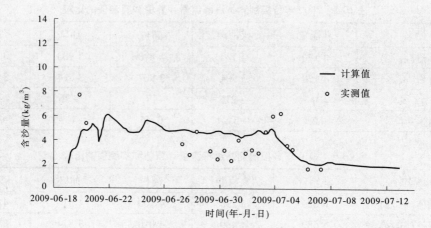

（a）夹河滩

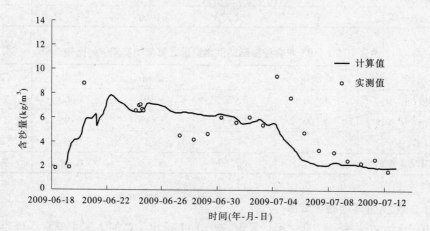

（b）高村

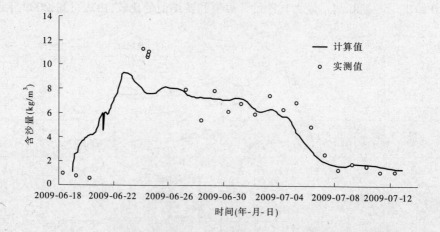

（c）孙口

图 10-11　含沙量过程计算值和实测值的比较

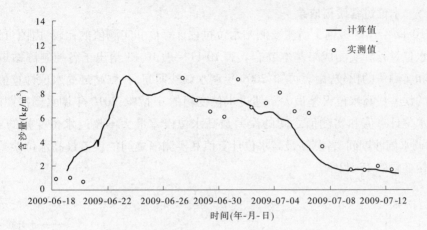

(d) 艾山

续图 10-11

沙期间,各测站最大含沙量计算值和实测值之间的误差为 − 20.33% ~ − 15.96% ;2010
年调水调沙期间,各测站最大含沙量计算值和实测值之间的误差为 11.00% ~ 29.52% ;
2011 年调水调沙期间,各测站最大含沙量计算值和实测值之间的误差为 − 7.36% ~
2.90% 。

表 10-8　2009 年各控制测站最大含沙量计算值和实测值的比较

站名	花园口	夹河滩	高村	孙口	艾山
实测值(kg/m³)	6.25	7.65	9.41	11.20	11.30
计算值(kg/m³)	6.25	6.10	7.91	9.32	9.40
绝对误差(kg/m³)	0	− 1.55	− 1.50	− 1.88	− 1.90
相对误差(%)	0	− 20.33	− 15.96	− 16.79	− 16.83

表 10-9　2010 年各控制测站最大含沙量计算值和实测值的比较

站名	花园口	夹河滩	高村	孙口	艾山
实测值(kg/m³)	152	108	90	83.2	80.9
计算值(kg/m³)	152	119.88	113.56	106.91	104.78
绝对误差(kg/m³)	0	11.88	23.56	23.71	23.88
相对误差(%)	0	11.00	26.18	28.50	29.52

表 10-10　2011 年各控制测站最大含沙量计算值和实测值的比较

站名	花园口	夹河滩	高村	孙口	艾山
实测值(kg/m³)	79.60	62.70	53.20	51.00	44.70
计算值(kg/m³)	79.60	61.48	54.74	47.25	42.89
绝对误差(kg/m³)	0	− 1.22	1.54	− 3.75	− 1.81
相对误差(%)	0	− 1.95	2.90	− 7.36	− 4.05

10.3.1.7　水位过程验证成果

图 10-12 给出了黄河下游主要测站水位过程计算值和实测值的比较,由图可知,计算所得的水位过程和实测成果基本吻合。表 10-11 ~ 表 10-13 给出了各控制测站最高水位计算值和实测值的比较,由表可知,2009 年调水调沙期间,各测站最高水位计算值和实测值之间的误差最高水位误差最大不超过水位变幅的 6.17% ;2010 年调水调沙期间,各测站最高水位计算值和实测值之间的误差最高水位误差最大不超过水位变幅的 4.06% ;2009 年调水调沙期间,各测站最高水位计算值和实测值之间的误差最高水位误差最大不超过水位变幅的 17.42% 。

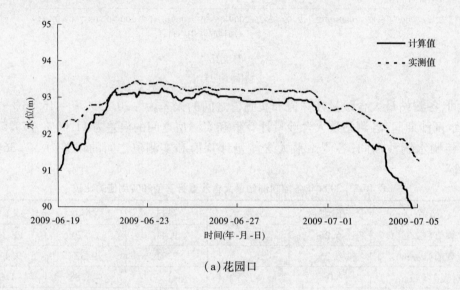

(a)花园口

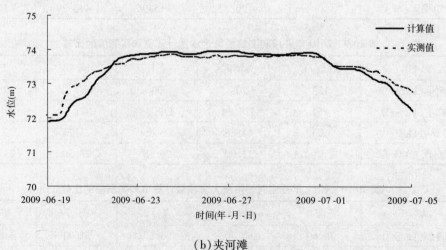

(b)夹河滩

图 10-12　水位过程计算值和实测值的比较

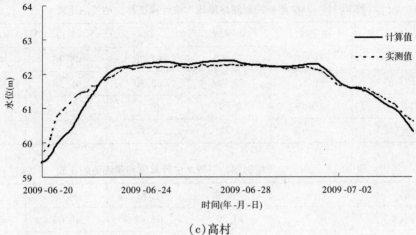

（c）高村

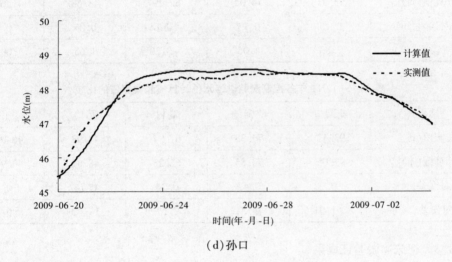

（d）孙口

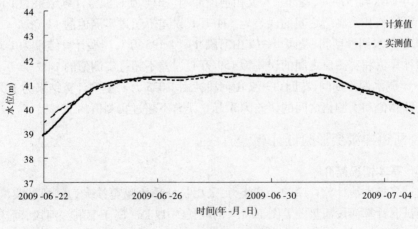

（e）艾山

续图 10-12

表 10-11　2009 年各控制测站洪峰水位计算值和实测值的比较

站名	花园口	夹河滩	高村	孙口	艾山
实测值(m)	93.44	73.87	62.28	48.46	41.42
计算值(m)	93.27	73.96	62.39	48.58	41.42
绝对误差(m)	−0.17	0.09	0.11	0.12	0
相对误差(%)	−6.17	4.77	4.07	3.55	0

表 10-12　2010 年各控制测站洪峰水位计算值和实测值的比较

站名	花园口	夹河滩	高村	孙口	艾山
实测值(m)	93.76	73.89	62.42	48.62	41.68
计算值(m)	93.91	74.02	62.29	48.68	41.68
绝对误差(m)	0.15	0.13	−0.13	0.06	0
相对误差(%)	2.83	4.06	−3.26	1.65	0

表 10-13　2011 年各控制测站洪峰水位计算值和实测值的比较

站名	花园口	夹河滩	高村	孙口	艾山
实测值(m)	93.13	73.38	61.94	47.93	40.96
计算值(m)	93.05	73.85	62.28	48.67	40.96
绝对误差(m)	−0.08	0.47	0.34	0.74	0
相对误差(%)	−1.91	14.31	7.57	17.42	0

10.3.1.8　河床冲淤验证成果

2009 年调水调沙期间,花园口—艾山河段冲刷 1 611 万 t,模型计算结果为 1 815 万 t,冲淤总量计算值和实测值之间的误差为 204 万 t,误差不超过实测值的 12.06%。

2010 年调水调沙期间,花园口—艾山河段冲刷 1 195 万 t,模型计算结果为 1 354 万 t,冲淤总量计算值和实测值之间的误差为 159 万 t,误差不超过实测值的 14%。

2011 年调水调沙期间,花园口—艾山河段冲刷 1 025 万 t,模型计算结果为 1 028 万 t,冲淤总量计算值和实测值之间的误差为 3 万 t,误差不超过实测值的 13%。

10.3.2　河道冲淤变形验证计算

10.3.2.1　基本情况简介

为测试多核水沙计算程序的计算能力,采用长江季家嘴至沙夹边河段的实测资料进行模型测试。计算河段河势图见图 10-13,河段长约 49 km,属于下荆江河段,河床主要由粉质黏土、砂黏土和细砂组成,河床表层床沙中值粒径一般为 0.016 ~ 0.22 mm。考虑到计算区域内地形比较复杂,为了合理布置计算网格,采用 Delaunay 三角化法对计算区域进行网格划分。在计算区域内共布置了 38 390 个网格节点和 76 222 个计算单元,网格间距最大为 150 m,最小为 5 m。

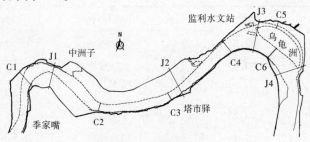

图 10-13　计算河段河势

10.3.2.2　水流运动验证

对平面二维水沙程序中的主要循环过程进行了优化,使以前基于单核处理器的串行程序能够在多核处理器上实现并行处理,进而提高计算效率。虽然并行处理不会对线性方程系数的求解产生影响,但是并行程序改变了方程的求解次序,必然会对收敛过程产生一定的影响。为分析其影响程度,采用计算河段 2006 年 5 月的实测地形和 2008 年 4 月 30 日的实测水文资料进行水流运动验证计算,并在验证过程中对比了单核程序和多核程序的收敛速度、收敛过程以及计算结果。2008 年 4 月 30 日实测期间沿该河段布设了 C1,C2,C3,…,C6 共 6 个水位及流速观测断面(见图 10-13),河道流量为 12 500 m³/s。计算是在一内存为 4G 的双核机上进行的,河道主槽糙率取 0.018 ~ 0.024,滩地糙率取 0.024 ~ 0.030。

从单核程序和多核程序的计算速度来看:单核程序 CPU 利用率最大为 50%,迭代 20 000 步需要 24 min 2 s;而多核程序 CPU 利用率则能够达到 75% ~ 88%,迭代 20 000 步只需要 16 min 20 s,计算速度提高了 47%。从收敛过程来看,串行程序和并行程序在迭代初期略有差别,但不甚明显,且随着迭代的进行逐渐消失,迭代终止时,相对残余质量流量在 0.3% 左右,均满足收敛标准。这种现象主要是由于程序并行后离散方程的求解次序改变造成的,对最终收敛解不会产生明显影响。

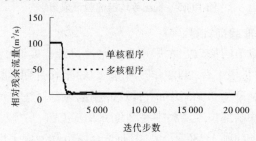

图 10-14　收敛过程对比

表 10-14 给出了实测断面水位计算值和实测值的比较。图 10-15 给出了断面垂线平均流速分布计算值与实测值的比较。可以看出,并行程序的计算成果和串行程序没有明显差别,且与实测值基本吻合,水位误差一般不大于 3 cm,垂线平均流速误差一般小于 0.2 m/s。

表 10-14　实测断面水位计算值和实测值的比较　　　　　　（单位:m）

断面	实测值	单核程序	多核程序
C1	27.86	27.89	27.89
C2	27.55	27.57	27.57
C3	27.46	27.44	27.44
C4	27.25	27.23	27.23
C5	27.11	27.12	27.12
C6	27.11	27.10	27.10

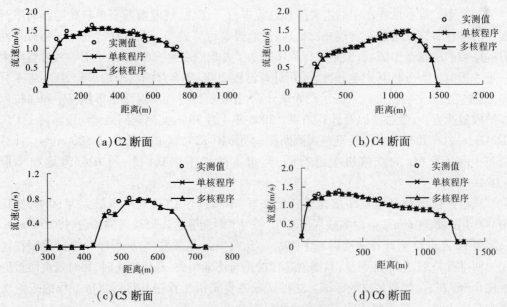

图 10-15　垂线平均流速验证成果

10.3.2.3　河床冲淤变形验证计算

采用该河段 2002 年 10 月至 2006 年 6 月的水沙过程与实测地形资料进行河床冲淤变形验证计算。从冲淤总量来看,2002 年 6 月至 2006 年 6 月期间计算河段有冲有淤,总体表现为冲刷,实测冲刷量为 5 406 万 m^3,计算冲刷量为 5 253 万 m^3,两者吻合较好。从实测冲淤量分布来看,冲刷部位主要集中在乌龟洲及其上游,乌龟洲下游局部区域略有淤积,其中季家嘴至中州子冲刷 1 286 万 m^3,中洲子至塔市驿冲刷 1 578 万 m^3,塔市驿至监利水文站冲刷 1 253 万 m^3,乌龟洲段(J3—J4)冲刷 1 387 万 m^3,乌龟洲至出口段淤积 97 万 m^3。各段冲淤量相应的计算值分别为 - 1 301 万 m^3、- 1 949 万 m^3、- 998 万 m^3、- 1 247 万 m^3 和 224 万 m^3,与实测值基本吻合。为进一步分析计算河段内河床变形验证情况,选取了 J1、J2、J3 和 J4 共 4 个典型断面进行了计算结果实测结果的比较,图 10-16 给出了比较成果,由图可知,计算成果与实测成果也吻合较好。

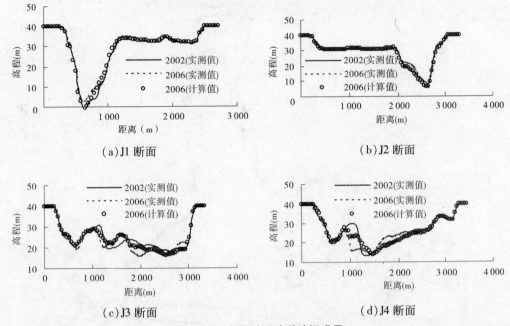

图 10-16   断面地形冲淤验证成果

长江塔市驿河段的验证成果表明,在双核处理器上,多核程序的计算速度同单核程序相比,可提高约 47%,虽然由于程序并行造成离散方程组的收敛过程与单核程序略有差别,但迭代收敛后,其计算结果无明显差别,且与实测成果吻合较好。

10.3.3   分蓄洪区洪水演进测试

10.3.3.1   基本情况简介

为测试计算程序对复杂内边界的处理效果,采用某分蓄(滞)洪区的实测资料进行测试。图 10-17 给出了所选的蓄(滞)洪区示意图,假定在蓄(滞)洪区存在如图所示的隔堤将湖区分为两部分,隔堤上存在两个溢流堰(N1 和 N3)和一个过水涵洞(N2),溢流堰堰顶高程为 45 m,过水涵洞洞底高程为 42 m、洞顶高程为 44 m,湖区进口为王台大桥,出口为清河门出湖闸。采用 Delaunay 三角化法对计算区域进行网格划分,在计算区域内共布置了 22 085 个网格节点和 43 393 个计算单元。

10.3.3.2   成果分析

计算时从王台大桥注入水流,随着水流的不断注入,湖区隔堤上游的水位不断上涨(见图 10-18),当湖区水位(H1)涨至 42 m 时,过水涵洞开始漫流(涵洞内为无压流),随着湖区水位的继续上涨,到达 44 m 时,涵洞内的水流由无压流动变为有压流动,涵洞内水位不再发生变化,之后随着湖区水位上涨洞内流速不断增加,洞顶压强也不断增加(见图 10-19),直至达到平衡状态;涵洞两侧的两个溢流堰也在湖区水位达到 45 m 后开始泄流。

从计算结果可以看出,湖区溢流堰和涵洞的泄流过程基本达到了设定的计算要求,表明平面二维模型中内边界处理模块的功能基本满足计算要求。

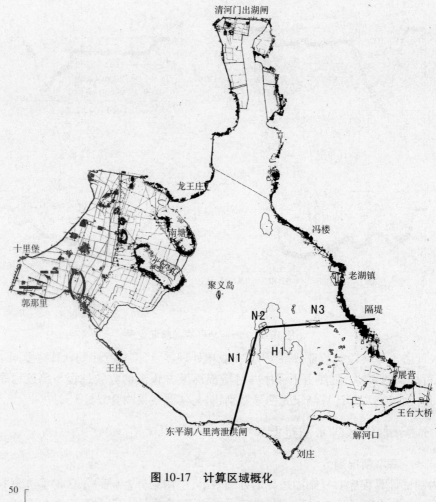

图 10-17　计算区域概化

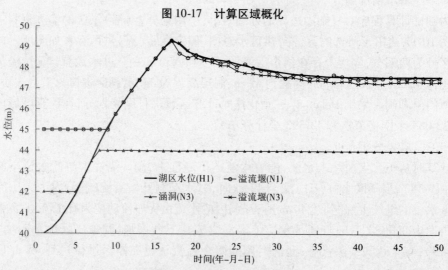

图 10-18　主要测点水位过程

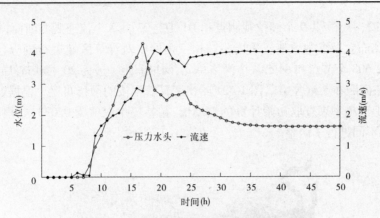

图 10-19 过水涵洞流速及洞顶压力变化过程

10.3.4 河口潮流验证计算

（1）验证资料。

藤桥西河海南东环铁路桥、藤桥东河南田农场场部至河口段，计算河段河势见图 10-20。

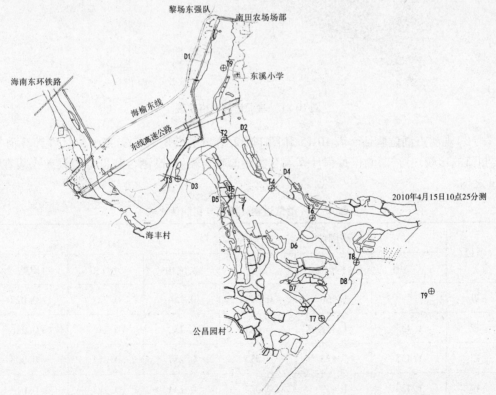

图 10-20 潮位观测点及流速观测断面布置

采用藤桥河 2012 年 5 月 23～24 日的实测潮位资料进行验证计算。实测期间沿河道布置了 T1、T2、…、T9 共 9 个潮位观测点和 D1、D2、D3 共 3 个流速观测断面,见图 10-20。

(2)网格布置及参数取值。采用非结构三角网格对计算区域进行剖分,在计算河段内共布置 32 608 个节点和 64 544 个网格单元,网格间距一般为 20 ~ 30 m,局部位置进行了加密,网格间距在 5 m 左右。图 10-21 给出了计算河段的网格布置。根据《水力计算手册》中天然河道糙率表查取初始计算的糙率值,初始糙率取值为 0.033,并根据验证计算成果及水深不同进行了调整。

图 10-21　验证计算网格布置

(3)观测点潮位验证。表 10-15 和图 10-22 给出了潮位测点实测潮位过程计算值与实测值的比较。可知,潮位过程计算值与实测值吻合较好,高潮位和低潮位误差一般在 3 cm 之内。

表 10-15　潮位过程计算值与实测值比较

项目	高潮位			低潮位		
	实测值	计算值	误差	实测值	计算值	误差
T1	1.443	1.460	0.017	0.254	0.227	− 0.027
T2	1.437	1.458	0.021	0.232	0.216	− 0.016
T3	1.458	1.473	0.015	0.257	0.254	− 0.003
T4	1.429	1.453	0.024	0.234	0.221	− 0.013
T5	1.468	1.476	0.008	0.278	0.285	0.007

续表 10-15

项目	高潮位			低潮位		
	实测值	计算值	误差	实测值	计算值	误差
T6	1.431	1.455	0.024	0.242	0.264	0.022
T7	1.460	1.471	0.011	0.289	0.289	0
T8	1.444	1.463	0.019	0.271	0.238	-0.033
T9	1.563	1.512	-0.051	0.133	0.203	0.070

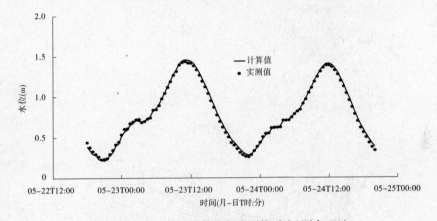

图 10-22　潮位过程计算值与实测值对比（测点：T2）

（4）观测点流向验证。图 10-23 给出了潮位测点实测流向过程计算值与实测值的比较。由图可知，流向过程的计算值与实测值基本吻合。

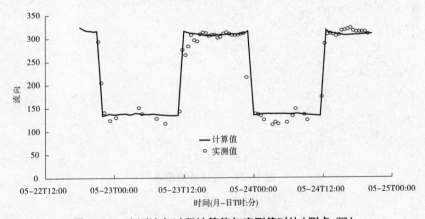

图 10-23　实测流向过程计算值与实测值对比（测点：T2）

（5）观测断面流速分布验证。图 10-24 给出了高潮时刻和低潮时刻的验证计算流场图，由图可知，计算区域内流速场干湿边界区分明显，涨潮时外海潮流自西向东流动，退潮时外海潮流自东向西流动，流场定性合理。观测断面流速分布计算值与实测值也基本吻合。

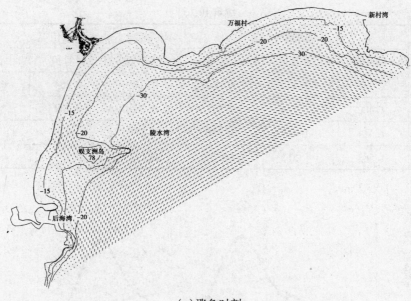

(a)涨急时刻

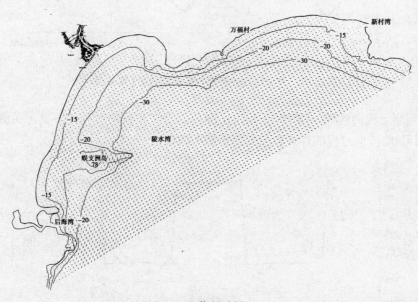

(b)落急时刻

图 10-24 验证计算流场

10.4 工程应用

10.4.1 涉水工程防洪影响计算

近年来,随着社会经济的发展,人们在河流上修建了大量的涉水工程,常见的有与河道交叉的桥梁、渡槽、倒虹吸,有沿河修建的码头以及河道整治工程等。防洪影响评价需要从行洪、河势、第三人合法水事权益等多方面来评价拟建工程的影响,因此常常需要定量预测它们之间相互影响的程度和范围。平面二维水沙数学模型是研究此类问题的重要手段之一,以汉江蔡家湾特大桥为例说明。

10.4.1.1　河段及工程概况

新建武汉至宜昌铁路(以下简称新建汉宜铁路)在蔡甸区蔡家湾河段跨越汉江,拟在跨越处修建特大桥一座。拟建大桥在汉江下游蔡家湾附近跨越汉江,桥位距汉江河口 41 km。工程河段河道窄深,滩槽高差大,河岸土质较好,多年来河势变化不大,床沙中值粒径为 0.125~0.250 mm。

拟建工程采用(64 + 116 + 168 + 116 + 64)m 连续刚构跨越汉江及其左右岸堤防。大桥设计水位 28.40 m。涉水桥墩共有 3 座(153# ~ 155#),其中:154# 和 155# 为主跨桥墩,跨径 168 m,桥墩为双圆端薄壁墩,迎水面宽 2 × 2.5 m;153# 桥墩为圆端实体墩,迎水面宽 4 m。

10.4.1.2　涉水工程概化

在平面二维数学模型中,拟建工程的影响主要是通过局部地形调整和局部糙率调整来实现的,在计算中需根据拟建工程的特点来选择不同的概化方法。

(1)对局部河道的开挖和填筑(如挖沟、筑堤、采砂等),可采用局部地形修正法对拟建工程概化,具体的概化方法就是假定河底高程增加值所阻挡的流量与拟建工程阻挡的流量相同,通过增加拟建工程所在网格节点的河底高程来反映拟建工程的影响。根据文献[4]的建议,可采用下式计算河底高程的增加值。

$$\Delta Z_b = H\left(\frac{b_1}{b_2}\right)^{\frac{1}{1+m}} \tag{10-21}$$

式中:ΔZ_b 为局部地形增加值;b_1、b_2 分别为沿河宽方向的桥墩宽度和网格宽度;m 为指数,可取 1/6。

(2)当拟建工程的阻水部分为桩群时(高桩梁板码头的桩基阻水等),由于桩基的存在增加了过水湿周,从而引起局部阻力增加。此时可采用下式计算局部糙率:

$$n_p = \alpha n_2\left[1 + 2\left(\frac{n_1}{n_2}\right)^2 \frac{H}{B}\right]^{0.5} \tag{10-22}$$

式中:n_p 为修正后的局部糙率;n_1、n_2 分别为桩基的壁面糙率和河道糙率;B 为桩间距;α 为修正系数,取值为 1.0~1.2。

(3)对于由非局部地形改变所引起的过水面积突然减少(如特定计算工况下码头梁板突然被淹),此时应按照断面突变的局部阻力公式计算梁板增加的阻力。根据文献[4]的建议,可通过下式计算相应的附加糙率:

$$n_f = H^{1/6}\sqrt{\frac{\zeta}{8g}} \tag{10-23}$$

式中:n_f 为局部附加糙率;ζ 为局部阻力系数。

概化后,工程区域的总糙率系数应该为局部糙率 n_p 和局部附加糙率 n_f 的几何平均。

10.4.1.3　验证计算

采用该河段 2005 年 4~8 月的实测地形和水沙资料进行验证计算。计算时,选择桥位上游 5 km 至桥位下游 13 km 之间的河段作为二维数模的计算区域,采用非结构三角网格对计算区域进行剖分,并在桥墩附近进行局部加密,加密后平面上共有 143 182 个网格单元,网格间距最大为 10 m,最小为 2 m。

水流运动验证成果:验证时,主槽糙率取值为 0.017~0.020,滩地糙率取值为 0.021~0.028。水位验证成果表明,不同实测断面上水位计算值和实测值基本吻合,其误差最大不超过 3 cm;不同断面上垂线平均流速的计算值和实测值也很吻合,两者相对误差一般小于 5%。

河床冲淤变形验证成果:河床冲淤变形验证成果表明:工程河段 2005 年 4 月至 2007 年 4 月实测冲淤量为 92 万 m³,数模计算值为 103 万 m³,计算值和实测值很吻合。图 10-25 给出了桥位断面冲淤变形验证成果,由图可知,数模计算所得的冲淤变形和实测值基本一致。

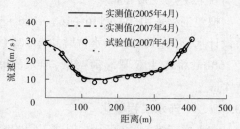

图 10-25　典型横断面的冲淤变形验证

由上述验证成果可见,建立的数学模型能够较为准确地描述计算河段的水沙运动及河床冲淤变形情况,可以用其来进行蔡家湾大桥的防洪影响计算。

10.4.1.4　水流运动影响分析计算

选择某一特征流量作为计算条件进行研究,河道进口流量为 8 640 m³/s,出口水位为 23.46 m。相应于该计算条件,拟建工程涉水桥墩阻水面积为 186 m²,占工程过水断面面积的 3.67%。

图 10-26 给出了工程修建前后工程附近的水位变化等值线图,由图可知,工程实施后桥位上游壅水,壅水最大值为 4 cm;在桥位下游水位将降低,水位降低最大值为 3 cm;水位变化大于 1 cm 的范围位于工程上游 510 m,工程下游 200 m 的区域内。

图 10-27 给出了工程修建前后桥位附近流速变化等值线图。由图可知,建桥后流速变化主要集中在桥位断面上下游附近的局部区域内,主要表现为桥墩上下游局部区域流速减小,桥墩之间以及桥墩与大堤之间的局部区域流速增加。桥墩之间流速增加最大值为 0.23 m/s,位于拟建工程两主墩之间(154# 和 155# 桥墩之间);近岸流速增加最大值为 0.22 m/s,位于工程右岸;流速增加超过 0.05 m/s 的最大范围为 375 m。

10.4.1.5　河床冲淤变形影响分析计算

1)典型水沙系列选取

为偏于安全,典型水沙系列选取考虑了如下不利因素:汉江最不利水沙组合情况;汉江和长江最不利的洪水遭遇情况,同时还兼顾了汉江多年平均来水来沙情况。仙桃站是工程河段上游汉江来水来沙的控制站,汉口站是工程河段下游汉江汇入长江后的第一个重要水文站。经分析仙桃站和汉口站的多年实测水沙资料,选 1976 年 + 1984 年 + 1992 年 + 1998 年作为典型水沙年。

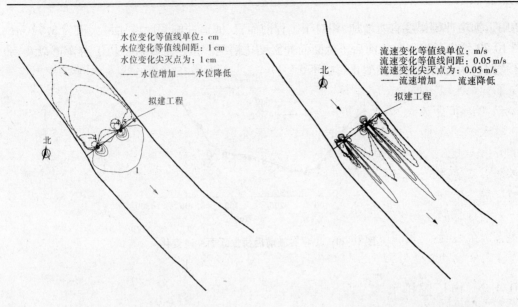

　　图 10-26　工程修建前后工程附近的
　　　　　　水位变化等值线

　　图 10-27　工程修建前后桥位附近的
　　　　　　流速变化等值线

2）工程实施前后河床冲淤变化分析

　　图 10-28 给出了工程实施前后河道冲淤变化平面,从图中可以看出,工程实施以后桥位断面左岸 15 m 等高线相对于无工程时冲刷后退达 18 m,右岸 15 m 等高线略有萎缩,左右岸 25 m 等高线基本处于同一位置;工程实施前后工程下游弯道及京珠高速公路桥附近等高线基本没有明显变化。从整体上来看,工程实施对河道冲淤变形没有明显的影响。

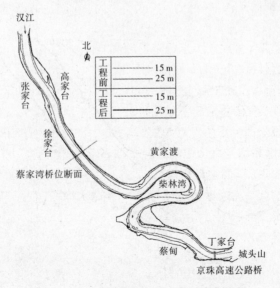

图 10-28　工程实施前后河道冲淤变化平面

此外,建桥后由于工程的阻水作用桥位上游淤积幅度稍有增加,而在桥位断面及其下

游附近河道冲刷幅度有所增加,相对于工程前而言,河道冲刷深度增加最大值为 3.72 m,
图 10-29 给出了工程实施前后桥位断面冲淤变化情况。拟建工程对桥位下游弯道以及京
珠铁路桥附近的河道冲淤变化影响不大。

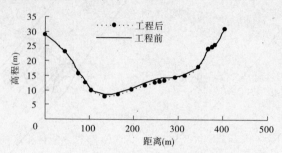

图 10-29　工程实施前后桥位断面冲淤变化

10.4.2　电厂温排水

10.4.2.1　基本情况

　　华能岳阳电厂位于岳阳市城陵矶东北长江与洞庭湖交会区,距岳阳市区 15 km,厂址
紧邻长江南岸与洞庭湖,电厂一期工程建设规模为 2×362.5 MW 亚临界燃煤发电机组,
已于 1992 年初全部建成投产发电;二期扩建 2×300 MW 国产燃煤发电机组,已于 2006
年上半年投产发电;三期拟扩建 2×600 MW 燃煤发电机组。工程取排水采用循环水方
式,其中电厂二期工程循环冷却水水源为芭蕉湖,一期和三期水源为长江。三期排水口距
洞庭湖出口约 2.5 km,属于城螺河段进口段,计算河段河势见图 10-30。采用平面二维模
型计算冷却水影响范围。

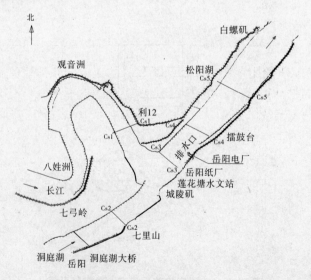

图 10-30　计算河段河势

10.4.2.2　网格剖分及参数取值

综合考虑电厂所在位置的河势、温排水可能的影响范围以及水文资料等,选取七里山至白螺矶全长约 20 km 的河段作为二维数学模型的计算区域(见图 10-30),地形采用 2006 年实测的水下地形资料。采用曲线网格对计算区域进行网格划分。在计算区域内共布置了 201×201 个网格。网格纵向间距最大为 60 m,最小为 30 m;网格横向间距最大为 40 m,最小为 15 m。

根据实测资料推算河段主槽糙率取值范围为 0.017~0.020,滩地糙率取值范围为 0.021~0.028。

10.4.2.3　模型验证

水流运动验证采用计算河段 2006 年 9 月实测的流量、地形和水面线资料。温升验证采用华能岳阳电厂一期工程排水口处的实测温升资料。实测期间,电厂一期工程排水口的排水量约 23.4 m³/s,排水温升 9.73 ℃,环境水温为 25.9 ℃。

水位验证:表 10-16 给出了计算所得的水位和实测水位的比较。由表可知,水位的计算值与实测值基本吻合,其误差一般不大于 3 cm。

表 10-16　水位验证成果

断面	编号	实测水位(m)	计算水位(m)
利 12	Cs1	21.76	21.75
七里山	Cs2	21.85	21.85
岳阳纸厂	Cs3	21.76	21.73
擂鼓台	Cs4	21.72	21.69
松阳湖	Cs5	21.50	21.45

流速验证:图 10-31 给出了实测断面上垂线平均流速分布计算值和实测值的比较。由图可知,流速分布的计算值与实测值基本一致,两者的误差一般小于 0.2 m/s。

温升验证:实测温升成果及模型验证成果见表 10-17,由表可知,温升计算值与实测值成果吻合较好,除个别点误差较大外,大部分吻合,温升误差一般小于 0.2 ℃,最大不超过 0.5 ℃。

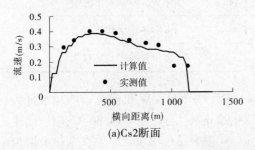

(a)Cs2断面

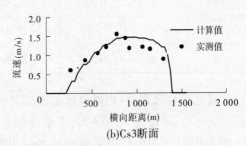

(b)Cs3断面

图 10-31　断面垂线平均流速计算值与实测值对比

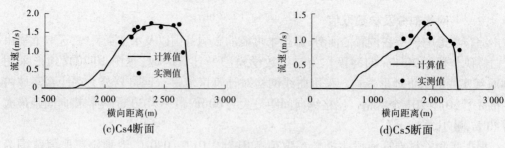

(c)Cs4断面　　　　　　　　　　　　　　(d)Cs5断面

续图 10-31

综上所述,所采用的平面二维数学模型能较好地模拟本河段的水流运动特性,验证计算结果与实测成果吻合较好,由此表明,所采用的数学模型及计算方法是正确的,模型中相关参数的取值是合理的,可以作为温排水的数值模拟研究的基础。

表 10-17　实测温升成果及模型试验成果

测点位置		实测(℃)	模型试验(℃)
P1	排水口上游 600 m	0	0
P2	排水口上游 50 m	0.1	0.3
P3	排水口末端中点	1.5	1.74
P4	排水口末端中点外离岸 150 m	0.1	0.28
P5	排水口下游 400 m	0.3	0.36

10.4.2.4　计算工况

水流条件:电厂的运行按照冬季和夏季两种情况划分,因此工程影响计算分别就两种情况选择不利代表流量条件进行计算。计算水流条件见表 10-18。根据螺山水文站 1954 ~ 2005 年连续系列资料统计,多年夏季平均流量为 20 500 m³/s,多年冬季平均流量为 7 940 m³/s,冬季最枯 97% 频率流量为 4 150 m³/s。

表 10-18　计算水流条件

序号	季节	流量(m³/s)	出口水位(m)	说明
1	冬季	4 150	14.92	多年 $P=97\%$ 频率流量
2	冬季	7 940	18.41	多年冬季平均流量
3	夏季	20 500	23.61	多年夏季平均流量

排水流量及温升:根据设计单位提供的资料,三期 2 × 600 MW 机组夏季冷却水量为 37.26 m³/s,温升 $\Delta t = 9.73$ ℃;冬季冷却水量为 24.92 m³/s,温升 $\Delta t = 14.86$ ℃;电厂已建一期 2 × 362.5 MW 机组夏季冷却水量为 23.4 m³/s,温升 $\Delta t = 8.9$ ℃;冬季冷却水量为 17.55 m³/s,温升 $\Delta t = 14.8$ ℃。温排水数学模型按三期扩建后在长江干流取排水的电厂

总容量 2×362.5 MW $+ 2 \times 600$ MW 工况进行计算分析。电厂附近无其他热源。

10.4.2.5　计算成果分析

图 10-32 为三期工程实施后温升分布图。由图中可知,电厂温排水的温升影响范围主要分布在排水口附近及其下游江段,为扁长状沿岸扩散带。温排水经排水口出流进入河道水体后,温水很快与河道水体发生掺混,然后贴岸流向下游,并逐渐展宽,且温水向上游回溯长度很小。

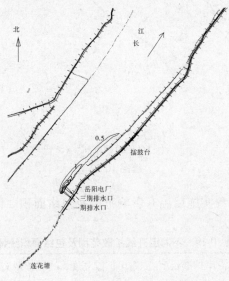

(a) $Q = 4\ 150\ \mathrm{m^3/s}$

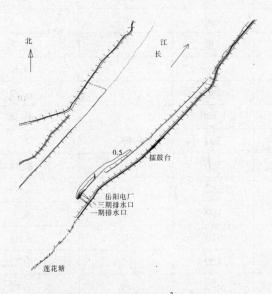

(b) $Q = 7\ 940\ \mathrm{m^3/s}$

图 10-32　三期工程实施后温升分布　(单位:℃)

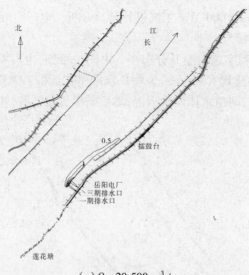

北

江 长

0.5   擂鼓台

岳阳电厂
三期排水口
一期排水口

莲花塘

$(c) Q = 20\ 500\ m^3/s$

续图 10-32

表 10-19 给出三期工程实施后温升影响范围及包络面积。计算结果表明,河道流量越小,温排水影响范围越大。

表 10-19   不同温升线扩散范围及包络面积统计

螺山流量 （m³/s）	温升线 （℃）	沿岸扩散长度 （m）	离岸扩散宽度 （m）	扩散宽度占水 面宽比例（%）	包络面积 （km²）
4 150	0.5	2 320	160	25	0.274 3
	1	990	107	17.8	0.088 7
	2	470	77	12.75	0.029 2
	3	350	58	9.6	0.012 3
	4	290	37	6.17	0.005 9
7 940	0.5	1 940	140	19.4	0.233 9
	1	790	95	11.87	0.053 6
	2	320	67	8.38	0.013 2
	3	240	48	6.03	0.006 7
	4	190	32	4.1	0.002 8
20 500	0.5	910	93	9.35	0.062 3
	1	420	67	6.73	0.018 7
	2	280	54	5.45	0.009 5
	3	230	41	4.14	0.004 8
	4	205	29	2.93	0.002 5

在最不利条件下(多年冬季 $P=97\%$ 频率流量 $Q=4\,150\ \mathrm{m}^3/\mathrm{s}$),1 ℃温升线沿岸扩散长度约为 990 m,离河岸方向扩散宽度为 107 m,占水面宽的 17.8%。0.5 ℃、1 ℃、2 ℃、3 ℃和 4 ℃温升线包络面积分别为 0.274 3 km^2、0.088 7 km^2、0.029 2 km^2、0.012 3 km^2 和 0.005 9 km^2。其余流量条件下,温水扩散规律与流量 $Q=4\,150\ \mathrm{m}^3/\mathrm{s}$ 条件相同,只是影响范围略小些。

在多年冬季平均流量条件下($Q=7\,940\ \mathrm{m}^3/\mathrm{s}$),1 ℃温升线沿岸扩散长度约为 790 m,离河岸方向扩散宽度为 95 m,占水面宽的 11.87%。0.5 ℃、1 ℃、2 ℃、3 ℃和 4 ℃温升线包络面积分别为 0.233 9 km^2、0.053 6 km^2、0.013 2 km^2、0.006 7 km^2 和 0.002 8 km^2。

在多年平均流量条件下($Q=20\,500\ \mathrm{m}^3/\mathrm{s}$),1 ℃温升线沿岸扩散长度约为 420 m,离河岸方向扩散宽度为 67 m,占水面宽的 6.73%。0.5 ℃、1 ℃、2 ℃、3 ℃和 4 ℃温升线包络面积分别为 0.062 3 km^2、0.018 7 km^2、0.009 5 km^2、0.004 8 km^2 和 0.002 5 km^2。

参 考 文 献

[1] Liu Shihe, Xiong Xiaoyuan. Theoretical analysis and numerical sinulation of turbulent flow around sand waves and sand – bars [J]. Journal of hydrodynamics, Ser. B, 2009, 21(2).

[2] 张瑞瑾. 河流泥沙动力学[M]. 北京:中国水利水电出版社,1998.

[3] 秦江波,李卫忠. 多核处理器平台上使用 OpenMP 编译指令优化 n 皇后算法[J]. 航空计算技术, 2009,39(3):92-94.

[4] 罗秋安,黄鑫,李洪良. 基于二维水沙模型的涉水建筑物防洪影响计算[J]. 人民长江,2010,41 (10):52-55.

第 11 章　三维水沙运动数值模拟

11.1　控制方程及定解条件

11.1.1　水流运动方程

由式(4-13)、式(4-14)以及式(4-16)、式(4-17)即可构成三维水流运动的 $k-\varepsilon$ 湍流模型。为便于表述,去掉水流相的下标"w",用 u、v、w 分别表示 x、y、z 方向的流速,并将张量形式的控制方程展开。

连续方程:

$$\frac{\partial u}{\partial x} + \frac{\partial v}{\partial y} + \frac{\partial w}{\partial z} = 0 \tag{11-1}$$

动量方程:

$$\frac{\partial u}{\partial t} + \frac{\partial uu}{\partial x} + \frac{\partial vu}{\partial y} + \frac{\partial wu}{\partial z} = -\frac{1}{\rho}\frac{\partial p}{\partial x} + \nu_T\left(\frac{\partial^2 u}{\partial x^2} + \frac{\partial^2 u}{\partial y^2} + \frac{\partial^2 u}{\partial z^2}\right) \tag{11-2}$$

$$\frac{\partial v}{\partial t} + \frac{\partial uv}{\partial x} + \frac{\partial vv}{\partial y} + \frac{\partial wv}{\partial z} = -\frac{1}{\rho}\frac{\partial p}{\partial y} + \nu_T\left(\frac{\partial^2 v}{\partial x^2} + \frac{\partial^2 v}{\partial y^2} + \frac{\partial^2 v}{\partial z^2}\right) \tag{11-3}$$

$$\frac{\partial w}{\partial t} + \frac{\partial uw}{\partial x} + \frac{\partial vw}{\partial y} + \frac{\partial ww}{\partial z} = -\frac{1}{\rho}\frac{\partial p}{\partial z} - g + \nu_T\left(\frac{\partial^2 w}{\partial x^2} + \frac{\partial^2 w}{\partial y^2} + \frac{\partial^2 w}{\partial z^2}\right) \tag{11-4}$$

湍动能 k 方程:

$$\frac{\partial k}{\partial t} + \frac{\partial uk}{\partial x} + \frac{\partial vk}{\partial y} + \frac{\partial wk}{\partial z} = \alpha_k \nu_T\left(\frac{\partial^2 k}{\partial x^2} + \frac{\partial^2 k}{\partial y^2} + \frac{\partial^2 k}{\partial z^2}\right) + G_k - \varepsilon \tag{11-5}$$

湍动能耗散率 ε 方程:

$$\frac{\partial \varepsilon}{\partial t} + \frac{\partial u\varepsilon}{\partial x} + \frac{\partial v\varepsilon}{\partial y} + \frac{\partial w\varepsilon}{\partial z} = \alpha_\varepsilon \nu_T\left(\frac{\partial^2 \varepsilon}{\partial x^2} + \frac{\partial^2 \varepsilon}{\partial y^2} + \frac{\partial^2 \varepsilon}{\partial z^2}\right) + \frac{C_{1\varepsilon}^* \varepsilon}{k} G_k - C_{2\varepsilon}^* \frac{\varepsilon^2}{k} \tag{11-6}$$

式中:p 为压强;$\nu_T = C_\mu \dfrac{k^2}{\varepsilon}$,$C_\mu = 0.0845$;$\alpha_k = \alpha_\varepsilon = 1.39$;$C_{1\varepsilon}^* = C_{1\varepsilon} - \dfrac{\eta\left(1 - \dfrac{\eta}{\eta_0}\right)}{1 + \beta\eta^3}$,$C_{1\varepsilon} = 1.42$;$C_{2\varepsilon}^* = 1.68$;$\eta = (2E_{ij}E_{ij})^{\frac{1}{2}}\dfrac{k}{\varepsilon}$;$E_{ij} = \dfrac{1}{2}\left(\dfrac{\partial u_i}{\partial x_j} + \dfrac{\partial u_j}{\partial x_i}\right)$;$\eta_0 = 4.377$;$\beta = 0.012$;$G_k$ 为湍动能产生项。

11.1.2　泥沙输移方程

河道中运动的泥沙按其运动状态可以分为推移质和悬移质。推移质是在床面附近以滚动、滑动或跳跃方式前进的泥沙,如假定床面以上推移质输沙层的厚度为 δ_b,推移质输

沙层以上厚度为 $H - \delta_b$ 的区域为悬移质输沙区,见图 11-1。在泥沙输移过程中,推移质泥沙直接与床面泥沙交换,悬移质直接与推移质泥沙进行交换。

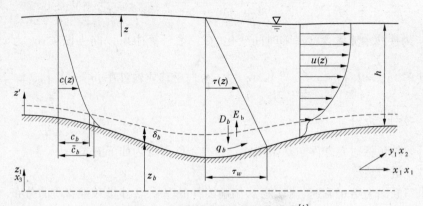

图 11-1 河道泥沙输移的概化模式[1]

11.1.2.1 悬移质泥沙输运方程

将式(4-21)中张量形式的泥沙输运方程展开,将所有的泥沙颗粒归为一组,并用 s 表示挟沙水流中的质量含沙量,则悬移质泥沙输运方程可表示为

$$\frac{\partial s}{\partial t} + \frac{\partial us}{\partial x} + \frac{\partial vs}{\partial y} + \frac{\partial ws}{\partial z} = \frac{\nu_T}{S_{CT}}\left(\frac{\partial^2 s}{\partial x^2} + \frac{\partial^2 s}{\partial y^2} + \frac{\partial^2 s}{\partial z^2}\right) + \omega\frac{\partial s}{\partial z} \tag{11-7}$$

式中:s 为悬移质泥沙的含沙量;ω 为悬移质泥沙颗粒的沉速;S_{CT} 为反映泥沙紊动扩散系数和水流紊动扩散系数差异的一个常数。

11.1.2.2 推移质输沙率方程

对于推移质输沙层,泥沙守恒方程为[2]

$$(1 - e)\frac{\partial z_b}{\partial t} + \frac{\partial(\delta_b \bar{s}_b)}{\partial t} + D_b - E_b + \frac{\partial q_{bx}}{\partial x} + \frac{\partial q_{by}}{\partial y} = 0 \tag{11-8}$$

式中:$\bar{s}_b$ 为推移质输沙层的平均泥沙浓度;q_{bx}、q_{by} 分别为 x 和 y 方向上的推移质输沙率,$q_{bx} = \alpha_{bx}q_b$,$q_{by} = \alpha_{by}q_b$;q_b 为总的推移质输沙率;α_{bx}、α_{by} 分别为推移质输沙的方向,一般取 $\alpha_{bx} = \dfrac{u_b}{\sqrt{u_b^2 + v_b^2}}$,$\alpha_{bx} = \dfrac{v_b}{\sqrt{u_b^2 + v_b^2}}$。

在推移质的输移过程中,需要一定的恢复距离才能达到输沙平衡状态。根据 Phillips[3]、Wellington[4] 的研究成果,可以假定:

$$(1 - e)\frac{\partial z_b}{\partial t} = \frac{1}{L_s}(q_b - q_{b*}) \tag{11-9}$$

式中:L_s 为粗糙床面推移质平均跃移距离,一般根据经验取值;q_{b*} 为饱和推移质输沙率。

将式(11-9)代入式(11-8),忽略式(11-8)的第二项即可得非平衡推移质输沙方程:

$$\frac{1}{L_s}(q_b - q_{b*}) + D_b - E_b + \frac{\partial q_{bx}}{\partial x} + \frac{\partial q_{by}}{\partial y} = 0 \tag{11-10}$$

11.1.3 河床变形方程

一般来说,河床变形方程可由式(11-9)直接求出,但是为了保证在计算过程中泥沙严

格守恒,建议采用如下方法计算河床变形:

$$(1 - e)\frac{\partial z_b}{\partial t} + \frac{\partial HS}{\partial t} + \frac{\partial q_{sx}}{\partial x} + \frac{\partial q_{sy}}{\partial y} + \frac{\partial q_{bx}}{\partial x} + \frac{\partial q_{by}}{\partial y} = 0 \tag{11-11}$$

式中:$\frac{\partial HS}{\partial t}$为挟沙水流中含沙量随时间变化,在一般计算中可以略去该项;q_{sx}为x方向悬移质输沙率,$q_{sx} = \int_{\delta_b}^{h}\left(us - \frac{\nu_T}{S_{CT}}\frac{\partial s}{\partial x}\right)\mathrm{d}z$;$q_{sy}$为$y$方向悬移质输沙率,$q_{sy} = \int_{\delta_b}^{h}\left(vs - \frac{\nu_T}{S_{CT}}\frac{\partial s}{\partial y}\right)\mathrm{d}z$。

11.1.4　定解条件

定解条件包括边界条件与初始条件。边界条件可分为如下五类:

11.1.4.1　进口边界

在进口断面上给定流速、湍动能 k、湍动能耗散率 ε、含沙量和推移质的分布。在本章的计算中,进口湍动能及湍动能耗散率按照下式计算:

$$k = \alpha_k \overline{U}^2 \tag{11-12}$$

$$\varepsilon = 0.16\frac{k^{\frac{3}{2}}}{l} \tag{11-13}$$

式中:α_k 为经验系数,文献[5]和文献[6]中取值 $0.25\% \sim 0.75\%$;$l = 0.07L$,L 为湍流特征长度,按照水力直径计算;$\overline{U}$ 为进口断面上的平均流速。

当进口由流量控制时,先给出垂向平均流沿河宽分布,进一步按照指数流速分布给出流速沿水深分布:

$$u_{\mathrm{in},j,k} = U_{\mathrm{in},j}\left(1 + \frac{1}{m}\right)\left(\frac{h_{\mathrm{in},j,k}}{H_{\mathrm{in},j}}\right)^{\frac{1}{m}} \tag{11-14}$$

式中:$u_{\mathrm{in},j,k}$ 为进口第 j 个节点第 k 层的流速;$h_{\mathrm{in},j,k}$ 为进口第 j 个节点第 k 层控制体中心距河底的距离。

悬移质由进口平均含沙量资料给定含沙量垂线分布。

进口推移质一般为

$$q_b = q_{b*}$$

11.1.4.2　出口边界

出口边界给定水位,按照静压假定计算压力沿出口断面的分布,并认为流动已充分发展,因而其他变量在出口方向沿流向梯度为零,即

$$\frac{\partial u}{\partial n} = \frac{\partial v}{\partial n} = \frac{\partial w}{\partial n} = \frac{\partial k}{\partial n} = \frac{\partial \varepsilon}{\partial n} = \frac{\partial s}{\partial n} = \frac{\partial q_b}{\partial n} = 0$$

11.1.4.3　床面边界处理

对水流动量方程,可直接给床面边界处的控制体附加一壁面切应力 $\overline{\tau}_b$:

$$\begin{cases} \hat{\tau}_{bx} = \rho C_f u_b \sqrt{u_b^2 + v_b^2} \\ \hat{\tau}_{by} = \rho C_f v_b \sqrt{u_b^2 + v_b^2} \end{cases} \tag{11-15}$$

其中,床面摩阻系数 C_f 有以下两种确定方法:

（1）由糙率系数确定 C_f，可以取

$$C_f = g\frac{n^2}{H^{1/3}} \tag{11-16}$$

式中：n 为河道糙率。

（2）由壁函数[1,7]确定 C_f。

$$\frac{u}{u_*} = \frac{1}{\kappa}\ln\frac{Eu_*z_b}{\nu} \tag{11-17}$$

式中：u_* 为摩阻流速，$u_* = \sqrt{\dfrac{\tau_b}{\rho}}$；$z_b$ 为计算点距壁面的距离；κ 为卡门常数；E 为床面粗糙参数。

很多人对 E 进行了研究，Cebeci 和 Braclshan（1997）建议取

$$E = \exp[k(B - \Delta B)]$$

$$\Delta B = \begin{cases} 0 & k_s^+ < 2.25 \\ \left[B - 8.5 + \dfrac{1}{\kappa}\ln k_s^+\right]\sin[0.428 + \ln k_s^+ - 0.811] & 2.25 \leqslant k_s^+ \leqslant 90 \\ B - 8.5 + \dfrac{1}{\kappa}\ln k_s^+ & 90 < k_s^+ \end{cases} \tag{11-18}$$

式中：$B = 5.2$；$k_s^+ = \dfrac{u_* k_s}{\nu}$，$k_s$ 和床面有关，没有沙波的床面，k_s 可取 d_{50}，有沙波的床面，k_s 和沙波高度有关，取值较为复杂，本章采用 Van Rijn 的方法[8]取

$$k_s = 3d_{90} + 1.1\Delta(1 - e^{-25\Psi}) \tag{11-19}$$

式中：Δ 为沙波高度；$\Psi = \dfrac{\Delta}{L_w}$；$L_w$ 为沙波的长度，Van Rijn 建议：

$$L_w = 7.3H \tag{11-20}$$

$$\Psi = \frac{\Delta}{L_w} = 0.015\left(\frac{d_{50}}{h}\right)^{0.3}(1 - e^{-0.5T})(25 - T) \tag{11-21}$$

由此可得

$$C_f = \frac{1}{\left(\dfrac{1}{\kappa}\ln\dfrac{Eu_*z_b}{\nu}\right)^2} \tag{11-22}$$

本章采用式（11-22）计算床面摩阻系数 C_f。

近壁处的湍动能 k 和湍动能耗散率 ε 可分别表示为

$$k = \frac{(u_*)^2}{\sqrt{C_\mu}} \tag{11-23}$$

$$\varepsilon = \frac{(u_*)^3}{(\kappa z_2')} \tag{11-24}$$

在悬移质输沙区域的底部（床面以上 δ_b），垂线方向上的泥沙净通量为

$$\frac{\nu_T}{S_{CT}} \frac{\partial s}{\partial z} + \omega s = D_b - E_b = \omega(s_b - s_{b*}) \tag{11-25}$$

式中：s_b 为交界面处的体积含沙量；s_{b*} 为输沙平衡时推移质输沙层上界面处的体积含沙量(悬移质泥沙近底平衡含沙量)。

将式(11-25)沿水深进行积分即可得

$$s = s_b - s_{b*} + c e^{\frac{\omega S_{CT}}{\nu_T} z} \tag{11-26}$$

由已知条件 $z = \delta_b, s = s_b$，可得

$$s = s_b - s_{b*}(1 - s_{b*} e^{\frac{\omega S_{CT}}{\nu_T}(z - \delta_b)}) \tag{11-27}$$

根据上式，即可根据内部点的含沙量来推求近底处的含沙量：

$$s_b = s + s_{b*}(1 - s_{b*} e^{\frac{\omega S_{CT}}{\nu_T}(z - \delta_b)}) \tag{11-28}$$

11.1.4.4　岸边界

对岸边界，采用计算变量法向梯度为零，即

$$\frac{\partial u}{\partial n} = \frac{\partial v}{\partial n} = \frac{\partial w}{\partial n} = \frac{\partial p}{\partial n} = \frac{\partial k}{\partial n} = \frac{\partial \varepsilon}{\partial n} = \frac{\partial s}{\partial n} = \frac{\partial q_b}{\partial n} = 0 \tag{11-29}$$

11.1.4.5　自由表面

自由表面处，压强取大气压强，垂向流速取 0，水位、流速及湍动能的边界条件可表示为

$$\frac{\partial u}{\partial n} = \frac{\partial v}{\partial n} = \frac{\partial k}{\partial n} = 0 \tag{11-30}$$

$$\frac{\mathrm{d}z}{\mathrm{d}t} = \frac{\partial z}{\partial t} + u \frac{\partial z}{\partial x} + v \frac{\partial z}{\partial y} \tag{11-31}$$

自由表面处，悬移质泥沙垂线方向上的泥沙通量为 0，则泥沙输运方程的边界条件为

$$\frac{\nu_T}{S_{CT}} \frac{\partial s}{\partial z} + \omega s = 0 \tag{11-32}$$

自由表面处，湍动能耗散率根据 Rodi[9] 的建议取 $\varepsilon = \dfrac{k^{3/2}}{0.43H}$。

初始条件：计算时，由平面二维模型赋初值。

11.2　相关问题处理

11.2.1　悬移质泥沙近底平衡体积含沙量 s_{b*}

(1)目前，Van Rijn 提出的 s_{b*} 计算公式在三维泥沙数学模型中较为常用。

$$s_{b*} = 0.015 \frac{d_{50} \tau_+^{1.5}}{\alpha_{S_b} D_*^{0.3}} \tag{11-33}$$

$$\tau_+ = \frac{\tau_* - \tau_{*cr}}{\tau_{*cr}} \tag{11-34}$$

式中：$\alpha_{S_b} = \max(0.01h, \Delta)$；颗粒参数 $D_* = d_{50}\left[\dfrac{(\rho_s - \rho)g}{\rho v^2}\right]^{\frac{1}{3}}$；$\tau_* = \alpha_b \tau_b$，$\alpha_b = \left(\dfrac{C}{C'}\right)^2$ 为河床

形态因子，综合谢才系数 $C = 18\lg\left(\dfrac{12H}{k_s}\right)$，泥沙颗粒谢才系数 $C' = 18\lg\left(\dfrac{12H}{3d_{90}}\right)$，近底处的水

流剪切应力 $\tau_b = \dfrac{\rho g(u_b^2 + v_b^2)}{C^2}$；$\tau_{*cr}$ 为泥沙运动的临界摩阻流速，可以表示为

$$\tau_{*cr} = (\rho_s - \rho)g\theta_{cr}d_{50} \tag{11-35}$$

式中：θ_{cr} 为临界运动参数，可根据 Shields 曲线进行计算：

$$\theta_{cr} = \begin{cases} 0.24(D_*)^{-1} & D_* \leqslant 4 \\ 0.14(D_*)^{-0.64} & 4 < D_* \leqslant 10 \\ 0.04(D_*)^{-0.10} & 10 < D_* \leqslant 20 \\ 0.013(D_*)^{0.29} & 20 < D_* \leqslant 150 \\ 0.055 & 150 < D_* \end{cases} \tag{11-36}$$

(2)采用垂线平均挟沙力和含沙量垂线分布公式来反求 s_{b*}。输沙平衡时，含沙量沿垂线分布采用 Rouse 公式表示，有

$$s_z = s_{b*}\left(\frac{\delta_b}{H - \delta_b}\right)^{z_s}\left(\frac{H - z}{z}\right)^{z_s} \tag{11-37}$$

式中：s_{b*} 为近底平衡体积含沙量；Z_s 为悬浮指标，$Z_s = \dfrac{\omega}{\kappa u_*}$；$z$ 为距河底的距离；s_z 为 z 处的含沙量。

将 s_z 沿垂线积分，得到垂线平均挟沙力为

$$S_* = \frac{s_{b*}}{H - \delta_b}\int_{\delta_b}^{h}\left(\frac{\delta_b}{H - \delta_b}\right)^{z_s}\left(\frac{H - z}{z}\right)^{z_s}\mathrm{d}z \tag{11-38}$$

则悬移质泥沙近底平衡体积含沙量 s_{b*} 为

$$s_{b*} = \frac{(H - \delta_b)}{\displaystyle\int_{\delta_b}^{h}\left(\frac{\delta_b}{H - \delta_b}\right)^{z_s}\left(\frac{H - z}{z}\right)^{z_s}\mathrm{d}z}S_* \tag{11-39}$$

代入现有的挟沙力计算公式，并转化为体积含沙量，即可求得 s_{b*}。如以张瑞瑾公式为例

$$s_{b*} = \frac{(H - \delta_b)}{\rho_s'\displaystyle\int_{\delta_b}^{h}\left(\frac{\delta_b}{H - \delta_b}\right)^{z_s}\left(\frac{H - z}{z}\right)^{z_s}\mathrm{d}z}\left[k\left(\frac{(U^2 + V^2)^{\frac{3}{2}}}{gH\omega}\right)^m\right] \tag{11-40}$$

式中：U、V 分别为 x、y 方向的水深平均流速。

本章采用式(11-37)计算悬移质泥沙近底平衡体积含沙量 s_{b*}。

11.2.2 推移质输沙层的厚度

对于推移质输沙层的厚度，前人已经做了大量的研究[7]；Einstein(1950)认为，推移质

层厚度为床沙中值粒径的 2 倍,即 $\delta_b = 2d_{50}$;Einstein、Wilson(1966 和 1988)通过试验进一步发现,$\delta_b = 10\theta d_{50}$,$\theta = \dfrac{U_*^2}{\left(\dfrac{\rho_s}{\rho} - 1\right)gd}$;Van Rijn(1984),Garcia 和 Parker 则取 $\delta_b = (0.01 \sim$

$0.05)H$(H 为水深);Bagnold 分析了泥沙跳跃运动轨迹资料,认为推移质泥沙运动的平均

高度 $\delta_b = md_{50}$,其中 $m = K\left(\dfrac{U_*}{U_{*C}}\right)^{0.6}$,$K$ 为常数,水槽试验(G. P. Williains,1970)成果表明

$K = 1.4$,从对天然河流资料分析来看(R. A. Baganold,1977),K 值可能大到 2.8,对卵石河

流甚至达到 7.3 以上;Rodi 和 Thomas 认为对平整床面取 $\delta_b = 2d_{50}$,对粗糙床面取 $\delta_b =$

$\dfrac{2}{3}\Delta$,Δ 为床面当量粗糙度,如果床面存在沙波,也可取 Δ 为沙波高度,张瑞瑾于 20 世纪

60 年代曾研究了沙波高度,给出了 $\Delta = 0.086\dfrac{UH^{\frac{3}{4}}}{g^{\frac{1}{2}}d_{50}^{\frac{1}{4}}}$,本章采用该方法计算推移质输沙层

厚度。

11.2.3   推移质输沙率

推移质输沙率是推移质颗粒速度 $\overline{U}_b$、推移质输沙层厚度 δ_b 及推移质输沙层内平均体

积浓度 $\overline{S}_b$ 的函数,推移质输沙率的基本计算公式为

$$q_{b*} = \overline{U}_b \delta_b \overline{S}_b$$

目前,Van Rijn 的推移质输沙率公式在三维数模中应用较多。

采用 Van Rijn 的公式计算单宽推移质输沙率[2],该式适用的泥沙粒径范围为 0.2 ~

10 mm,公式形式如下:

$$q_{b*} = \begin{cases} 0.053\left(g\dfrac{\rho_s - \rho}{\rho}\right)^{0.5}d_{50}^{1.5}\dfrac{\tau_+^{2.1}}{D_*^{0.3}} & T < 3 \\ 0.100\left(g\dfrac{\rho_s - \rho}{\rho}\right)^{0.5}d_{50}^{1.5}\dfrac{\tau_+^{2.1}}{D_*^{0.3}} & T \geqslant 3 \end{cases} \tag{11-41}$$

11.2.4   粗糙床面推移质平均跃移距离

对于推移质平均跃移距离,不同的研究者有不同的取值方法。Phillips[3] 等取 $L_s \leqslant$

$100d_{50}$;而 Rahuel 和 Holly 的研究表明,天然河道 L_s 取值应该远远大于 $100d_{50}$,Holly 在他

的一维模型中取 $L_s = 7.3H$;Van Rijn[2] 也曾经对 L_s 的取值进行了研究,并取 $L_s =$

$3d_{50}D_*^{0.6}\tau_+^{0.9}$。实际上,推移质泥沙的恢复饱和距离和泥沙颗粒的粒径以及床面状态有很

大的关系,天然河道中泥沙颗粒的运动尺度要远远大于模型试验中的运动尺度,Wu[1] 认

为,在天然河道和模型试验中,L_s 有不同的取值。在本章计算中取 $L_s = 3d_{50}D_*^{0.6}\tau_+^{0.9}$。

11.2.5   自由表面处理

三维水沙数学模型中自由面处理是一个重要问题,早期方法采用静水压力假定和刚

盖假定。随着模拟技术的不断发展,目前处理自由表面问题的主要方法有标记点法、空度函数法和标高函数法。在大尺度水体非恒定流自由面模拟中,一般采用标高函数法,标高函数法用水位高度函数描述自由面位置,其高度函数是单值的,其中压力 Poisson 方程法和水深积分法是最常用的方法。

1)压力 Poisson 方程法

从水深平均二维模型的动量方程出发,Wu W M[1],W Rodi 和 Thomas Wenka 曾推导出明渠流动关于自由面位置 Z 的压力 Poisson 方程:

$$\frac{\partial^2 Z}{\partial x^2} + \frac{\partial^2 Z}{\partial y^2} = \frac{Q}{g} \tag{11-42}$$

其中

$$Q = -\frac{\partial}{\partial t}\left(\frac{\partial U}{\partial x} + \frac{\partial V}{\partial y}\right) - \left(\frac{\partial U}{\partial x}\right)^2 - 2\frac{\partial U}{\partial y}\frac{\partial V}{\partial x} - \left(\frac{\partial V}{\partial y}\right)^2 - U\left(\frac{\partial^2 U}{\partial x^2} + \frac{\partial^2 V}{\partial x \partial y}\right) -$$

$$V\left(\frac{\partial^2 U}{\partial x \partial y} + \frac{\partial^2 V}{\partial y^2}\right) + \frac{1}{\rho}\left(\frac{\partial^2 \tau_{xx}}{\partial x^2} + 2\frac{\partial^2 \tau_{xy}}{\partial x \partial y} + \frac{\partial^2 \tau_{yy}}{\partial y^2}\right) - \frac{1}{\rho}\frac{\partial}{\partial x}\left(\frac{\tau_{bx}}{h}\right) - \frac{1}{\rho}\frac{\partial}{\partial y}\left(\frac{\tau_{by}}{h}\right)$$

式中:τ_{xx}、τ_{xy}、τ_{yy} 分别为水深平均紊动切应力;τ_{bx}、τ_{by} 为底部切应力。

由上述方程离散可直接求出水位 Z。

2)水深积分法

水位 Z 可由水深平均连续方程求解,将式(11-1)沿水深积分后得

$$\frac{\partial Z}{\partial t} + \frac{\partial HU}{\partial x} + \frac{\partial HV}{\partial y} = 0 \tag{11-43}$$

压力 Poisson 方程法和水深积分法适用于水面变化比较平缓的流动,本章采用水深积分法处理自由表面。

11.3　模型验证

11.3.1　单纯冲刷的验证计算

11.3.1.1　试验概况

选择 Van Rijn 的清水冲刷试验资料对本章的数学模型进行验证[10]。该试验主要是研究清水冲刷下,床面泥沙冲刷上扬,水体含沙量沿程恢复,直至达到平衡状态的过程。试验水槽长 30 m,宽 0.5 m,高 0.7 m,试验水深 $h = 0.25$ m,平均流速 $U = 0.67$ m/s,床面泥沙组成 $d_{50} = 0.23$ mm,$d_{90} = 0.32$ mm,图 11-2 为水槽试验示意图[10]。

11.3.1.2　计算网格及参数取值

平面网格采用四边形网格,在平面上共布置 400×20 个网格单元,垂向网格共布置 15 层。计算参数的选取参考已有的研究成果[1,7],取 $S_{CT} = 0.8$,床面粗糙高度 $k_s = 0.01$ m。

11.3.1.3　验证成果

计算时首先进行水流计算,然后进行泥沙计算。图 11-3 给出了清水冲刷条件下沿程恢复直至平衡状态时含沙量沿水深的分布情况。由图可见,底部水体含沙量很快达到平

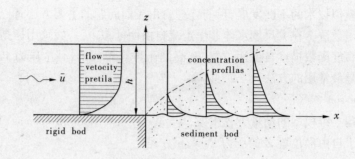

图 11-2　清水冲刷试验示意

衡状态,表层水体含沙量需经过一段距离恢复,才能逐步达到平衡状态,计算成果同试验成果吻合较好。

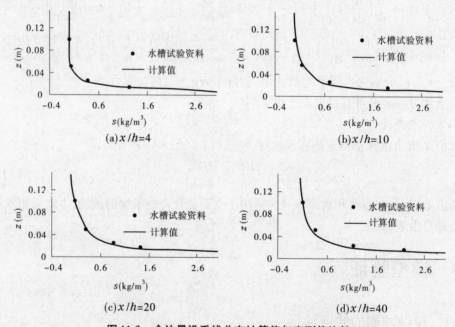

图 11-3　含沙量沿垂线分布计算值与实测值比较

11.3.2　纯淤积水槽试验数值计算

11.3.2.1　试验概况[1,3,7]

选择 Wang 和 Ribberink(1986)的水槽试验资料来验证纯淤积条件下数学模型计算结果,试验条件为水深 $h = 0.215$ m,平均流速 $U = 0.56$ m/s,泥沙特征粒径为 $d_{10} = 0.075$ mm,$d_{50} = 0.095$ mm,$d_{90} = 0.105$ mm,图 11-4 为水槽试验示意图。试验时在水槽上游进口断面加沙,多孔床面捕捉沉降泥沙,近底泥沙沉降通量为 $D_b = \omega_b s_b$,上扬通量 E_b 几乎为零。

11.3.2.2　计算网格及参数取值

平面网格采用四边形网格对计算区域进行剖分,在平面上共布置 400×20 个网格单元,垂向网格共布置 15 层。

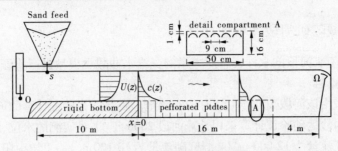

图 11-4　单纯淤积试验示意

在数模计算中，Van Rijn[11]、Falconer[12]建议按均匀沙考虑，取泥沙颗粒的沉速 $\omega = 0.006\ 5$ m/s，床面粗糙高度 $k_s = 0.002\ 5$ m，进口含沙量由试验资料给出。

11.3.2.3　验证成果

图 11-5 给出了含沙量沿垂线分布计算值和实测值比较。由图可见，单纯淤积条件下，进口下游 $x = 6 \sim 12$ m 断面处，含沙量计算值较实测值偏大，这和 Lin 与 Falconer[12]、Wu[1]、崔占峰[6]以及夏云峰[7]的计算结果类似，进口附近和远区计算结果和水槽资料基本吻合。

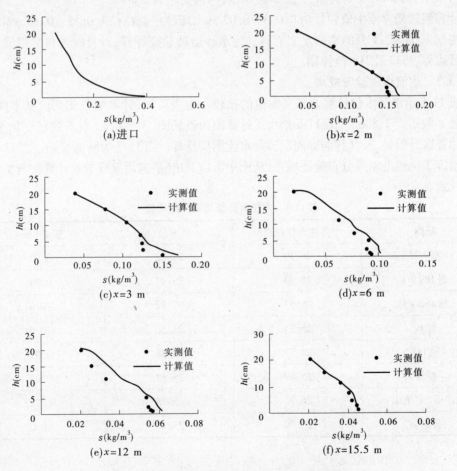

图 11-5　含沙量沿垂线分布计算值与实测值比较

11.3.3　长江城陵矶河段的验证计算

选用长江城陵矶河段的水沙资料对本章的三维水沙数学模型进行验证。

11.3.3.1　验证资料

地形资料:采用该河段 2004 年 12 月的实测地形资料作为验证计算的地形资料。

水文资料:水沙运动验证计算采用计算河段 2008 年 11 月实测的水位、流速及含沙量资料,实测时长江流量为 12 000 m^3/s,洞庭湖流量为 13 100 m^3/s,下游南阳洲附近水位为 24.80 m,沿该河段布置了荆 178、荆 180 + 1、荆 182 + 1、利 12、公路桥、城陵矶(七里山)、桥址、荆 186 共 8 个断面(见图 11-6)进行水位和流速测量,此外,对荆 186、桥址和荆 186 共 3 个断面的含沙量也进行了观测;河床变形验证计算采用计算河段 2004 年 4 ~ 12 月的实测日平均水沙过程。

11.3.3.2　计算网格及参数取值

采用非结构三角网格对计算区域进行网格剖分。根据计算要求,在平面上布置了 38 898 个计算单元,并对地形变化较为剧烈的区域进行了加密,加密后网格间距最大为 100 m,最小为 32 m;在垂向布置了 15 层网格,网格间距为 2 m。

计算河段悬移质中值粒径为 0.003 ~ 0.02 mm,床沙中值粒径为 0.15 ~ 0.18 mm。

根据 2008 年 11 月的实测水文资料进行水沙运动验证计算,计算时进口采用流量和含沙量边界,出口采用水位控制。

11.3.3.3　水流运动验证成果

表 11-1 给出了水位计算值和实测值的比较。由表可知,计算值与实测值基本吻合,其误差一般不大于 8 cm。图 11-6 给出了计算河段流场图,由图可知,计算流场变化平顺,干湿边界区分明显,长江和洞庭湖汇流处水流衔接良好。图 11-7 为断面流场。图 11-8 进一步给出了流速沿垂线分布验证成果,从图中可以看出,流速沿垂线分布计算值与实测值基本一致。

表 11-1　水位计算值与实测值比较

断面	实测水位(m)	计算水位(m)	误差(m)
荆 178	26.19	26.22	0.03
荆 180 + 1	25.90	25.94	0.04
荆 182 + 1	25.53	25.52	− 0.01
利 12	25.54	25.50	− 0.04
荆 186	25.57	25.58	0.01
桥址	25.69	25.72	0.03
城陵矶(七里山)	25.76	25.73	− 0.03
公路桥	25.79	25.77	− 0.02

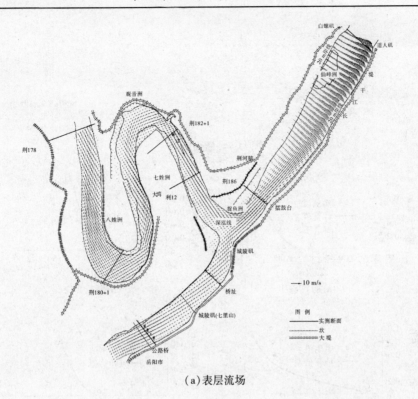

(a)表层流场

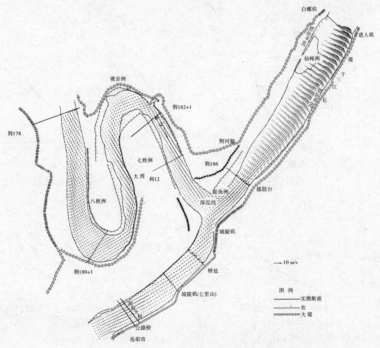

(b)水面以下 9 m 处流场

图 11-6　计算河段流场

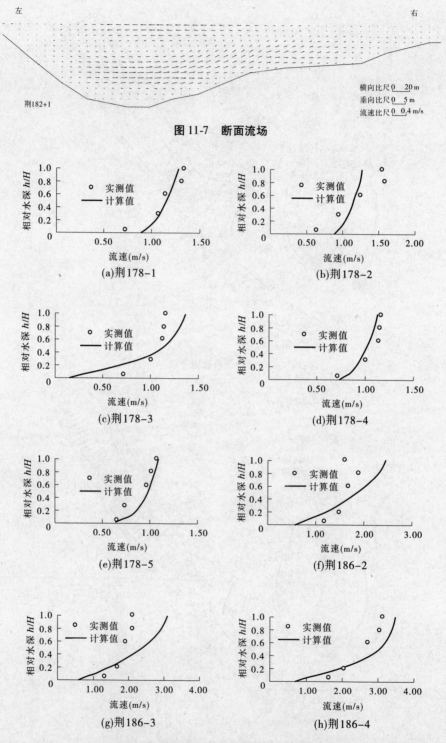

图 11-7　断面流场

图 11-8　流速沿垂线分布计算值与实测值比较

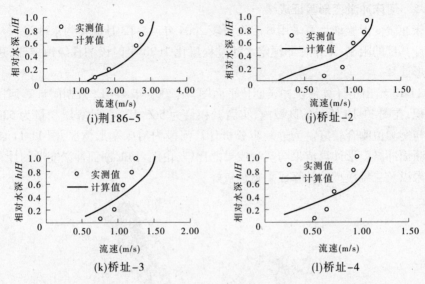

(i)荆186-5　　　　(j)桥址-2

(k)桥址-3　　　　(l)桥址-4

续图 11-8

11.3.3.4　含沙量验证成果

图 11-9 给出了含沙量沿垂线分布计算值与实测值比较,由图可知,除个别测点外,含沙量计算值和实测值基本一致。

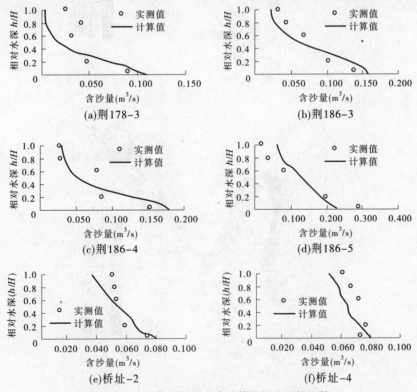

(a)荆178-3　　　　(b)荆186-3

(c)荆186-4　　　　(d)荆186-5

(e)桥址-2　　　　(f)桥址-4

图 11-9　含沙量沿垂线分布计算值与实测值比较

11.3.3.5　河床冲淤变形验证成果

　　河床冲淤变形验证计算采用城陵矶河段 2004 年 4～12 月的实测水沙过程与地形资料。受计算量的限制,本章将非恒定水沙过程概化为 20 个时段的梯级恒定流,进行河床冲淤变形计算。

　　图 11-10 给出了计算河段冲淤变化平面图,在 2004 年 4～12 月期间计算河段总体表现为淤积,在图 11-10 所示的区域内,实测淤积量为 566 万 m^3,计算淤积量为 533 万 m^3,计算值与实测值吻合较好。为进一步分析计算河段内河床变形情况,图 11-11 给出了实测典型断面冲淤变形计算成果与实测成果的比较,由图可知,断面冲淤变形的计算成果与实测成果以及二维模型的计算成果吻合较好。

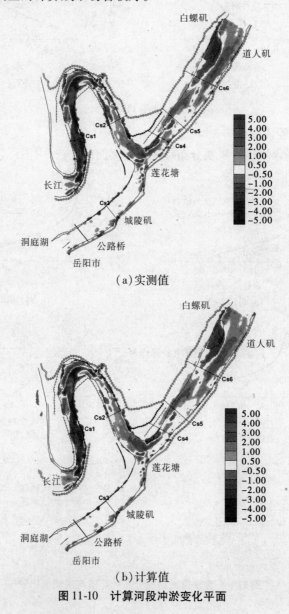

(a)实测值

(b)计算值

图 11-10　计算河段冲淤变化平面

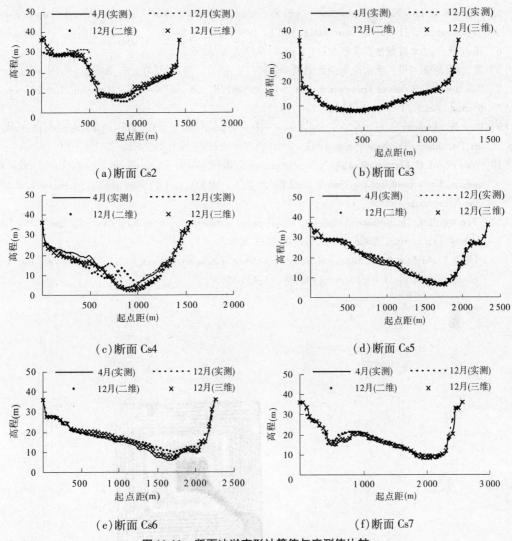

图 11-11　断面冲淤变形计算值与实测值比较

　　从上述结果可以看出,本章建立的三维水沙数学模型能较好地模拟计算河段的水沙运动特性,验证计算成果与实测成果吻合较好。

参 考 文 献

[1] Wu W M,Rodi W,Wenka T. 3D numerical model for suspended sediment transport in open channels[J]. J. Hydr. Engrg. ,ASCE,2000,126(1):4-15.

[2] Van Rijn L C. Methamatical modeling of morphological processes in the case suspended sediment transport [J]. Delft Hydr. Communication, 1987(382).

[3] Phillips B C,Sutherl A J. Spatial lag effects in bed load sediment transport[J]. J. Hydr. Res. ,1989,27 (1): 115-133.

[4] Wellington N W. A sediment-routing model for alluvial streams[D]. M. Eng. Sc. dissertation, University of Melbourne, Australia.

[5] SanJiv K Sinha, Fotis Sotiropoulos. Three-dimensional numerical model for flow through natural rivers [J]. Journal of Hydraulic Engineering, ASCE, 1998,124(1):13-24.

[6] 崔占峰. 三维水流泥沙数学模型[D]. 武汉:武汉大学,2006.

[7] 夏云峰. 感潮河道三维水流泥沙数值模型研究与应用[D]. 南京:河海大学,2002.

[8] Van Rijn L C. Sediment Transport part Ⅲ:bed form and alluvial roughness[J]. Journal of Hydraulic Engineering, ASCE, 1984,110(12):1733-1754.

[9] Rodi W. Turbulence models and their application in hydraulics[C]. 3rd ED ,IAHR Monograph,Balkema,Rotterdam, The Netherlands,1993.

[10] Van Rijn L C. Entraiment of fine sediment particles:development of concentration profiles in a steaty,uniform flow without initial sediment load[J]. Rep. No. M1531,part Ⅱ,delft hydraulic laboratory, delft, the Netherlands,1981.

[11] Van Rijn L C. Mathematical modeling of suspended sediment in non-uniform flow [J]. Journal of Hydraulic Engineering, ASCE, 1986,112(6):433- 455.

[12] Lin B L,Falconer R A. Numerical modeling of three dimensional suspended sediment for estuarine and coastal waters[J]. J. hydr. Res. ,1996,34(4):435-456.